DIE STÄRKE

Bibliographie der Weltliteratur

von

Prof. Dr. habil. Max Ulmann

Herausgegeben vom Institut für Ernährung
Potsdam-Rehbrücke
der Deutschen Akademie der Wissenschaften zu Berlin

LIEFERUNG 2

Hauptgruppe 1:
Technologie der Kartoffelstärke

AKADEMIE-VERLAG · BERLIN

1967

Erschienen im Akademie-Verlag GmbH, 108 Berlin, Leipziger Straße 3–4

Lizenznummer 202 · 100/581/67
Gesamtherstellung: VEB Druckerei „Thomas Müntzer“, 582 Bad Langensalza
Bestellnummer: 3055/2 · ES 20 M 8, 1 E
15,–

Grundeinteilung der Stärkebibliographie

Hauptgruppen 0 bis 9

0. Allgemeines
1. Technologie der Kartoffelstärke
2. Technologie der Getreidestärken und sonstiger Stärkerohstoffe
3. Technologie veränderter Stärken und Stärkeabbauprodukte
4. Verwendungsgebiete der Stärke und Spezialstärkeprodukte
5. Analytische Bestimmung und Untersuchung der Stärke
6. Stärkederivate und spezielle Chemie der Stärke
7. Aufbau und Konstitution der Stärke
8. Kolloidchemie der Stärke und der Stärkelösungen
9. Enzymatische Arbeiten

Hauptgruppe 1

Technologie der Kartoffelstärke

10. Allgemeines

100. Allgemeine Arbeiten zur Kartoffelstärkegewinnung
101. Allgemein gehaltene Patente
102. Technologische Fragen, Stärkegewinnungsanlagen

11. Das Ausgangsmaterial: die Kartoffel

110. Allgemeines
    1101. Allgemeine Fragen
    1102. Die Kartoffel im Hinblick auf ihre technologische Verwertung
111. Kartoffelanbau
    1111. Anbau und Sortenzüchtung
    1112. Einfluß von Düngemitteln
112. Physiologie der Kartoffel
113. Stärkegehalt und Umweltbedingungen
114. Aufbau und allgemeine Zusammensetzung der Kartoffel
115. Eiweiß und Aminosäuren
116. Vitamine
    1161. Vitamin C
    1162. Sonstige Vitamine
117. Alkaloide (Solanin)
118. Sonstige organische Verbindungen
    1181. Fette und Lipoide
    1182. Organische Säuren
    1183. Pektin
    1184. Kohlenhydrate, Zucker
    1185. Sonstige Kartoffelinhaltstoffe
119. Phosphorverbindungen und weitere Aschebestandteile

12. Lagerung und Reinigung der Kartoffel

121. Lagerung und Lagerschäden
122. Reinigung

13. Kartoffelzerkleinerung und Auswaschen der Stärke

131. Kartoffelzerkleinerung (Reibsel)
132. Auswaschen der Stärke
133. Stärkeauswaschapparate und Siebe, Patente

14. Gewinnung von Rohstärke allgemein

141. Abtrennung der Stärke (Patente)
142. Arbeiten über Trennschleudern und Separatoren
143. Patente über Trennschleudern und Separatoren
144. Hydrozyklone

15. Reinigung der Rohstärke

151. Reinigung von Kartoffelstärke
152. Allgemein gehaltene Arbeiten
153. Allgemein gehaltene Patente
154. Absetzanlagen für Kartoffelstärke
155. Allgemein gehaltene Arbeiten und Patente über Absetzanlagen (Fluten)
156. SO_2 und andere Zusätze

16. Trocknen der Stärke

160. Allgemeines
161. Patente: Trocknen der Stärke
162. Lufttrocknung (Horden-, Band-, Teller- u.a. Trockner)
163. Vakuumtrocknung
164. Pneumatische Schnelltrocknung
165. Hochfrequenztrocknung
166. Infrarottrocknung

17. Nachbehandlung der Stärke

171. Sichten
172. Bleichen
173. Haltbarmachen

18. Nach- und Nebenprodukte der Kartoffelstärkeindustrie (Abwässer)

180. Allgemeines

181. Gewinnung von Stärke und Alkohol aus Kartoffeln

182. Kartoffelfruchtwasser

1821. Bedeutung und Verwertung

1822. Gewinnung von Kartoffelfruchtwasser

1823. Eiweißgewinnung (Futtermittelgewinnung)

1824. Kultur von Futterhefen

1825. Aminoverbindungen

183. Pülpe

184. Abwässer, Reinigung und Verwertung

19. Betriebskontrollen

191. Qualität und technische Kontrollen

192. Stärkegehaltsbestimmung von Kartoffeln und Ausbeuteberechnung

193. Pülpeuntersuchung

194. Untersuchung der Schlammstärke

195. Stärkemilchtabellen

196. Ausgiebigkeit, Ergiebigkeit

197. Weißgehalt und Aussehen.

Hauptgruppe 1: Technologie der Kartoffelstärke

1. Technologie der Kartoffelstärke

10. Allgemeines

100. Allgemeine Arbeiten zur Kartoffelstärkegewinnung

(Auch Kartoffelstärkeprodukte, Kartoffelstärkeindustrie verschiedener Länder. Vgl. auch "Allgemeines, Stärkeindustrie verschiedener Länder": 03 und "Allgemeine industrielle Probleme": 04)

Über rationelle Verfahren der Gewinnung von Stärke aus Kartoffeln unter den Bedingungen der Volkswirtschaft. Pasiruk, K.I. Zucker-Ind.(russ.) 38. Nr. 1 46-52 (1964) - Ref.J.Chem.(russ.) 1965. 7 R273.

Der Mais- und Kartoffelrohstoff ist in der Stärke-Sirup-Industrie besser auszunützen. Zucker-Ind.(russ.) 37. Nr.12. 1-4 (1963) - Ref.J.Chem.(russ.) 1965. 7 R270.

Verschiedene Probleme bei der Kartoffelstärkeherstellung. Ohtsuka, H. J.technol.Soc.Starch (Japan) 10. 49-53 (1963) - Ref.J.Chem. (russ.) 1963. 23 R297.

Zur Frage der Gewinnung von Stärke und Sirup aus der Kartoffel. Titarenko, F. und Schuchman, Ja. Okon.Ssow.Ukraine (russ.) 1961. Nr.1 105-07. - Ref.J.Chem.(russ.) 1961. 20 N217.

Herstellung von Stärkeprodukten aus Kartoffeln. Marker, W.E., Miljutin, A.A., Ssinelnikow, I.D. und Schtyrkowa, Je.A. Staatlicher wissenschaftlich-technischer Verlag des Ministeriums der Lebensmittelindustrie (russ.) Moskau 1961. 148 S. - Ref. C.A. 55. 22877g (1961), Ref.J.Chem.(russ.) 1962. 2 N386, 6 N350.

Probleme der Rekonstruktion und Fachbereichsstandardisierung der Kartoffelstärkeindustrie. Maurer, W. Nahrung 4. 537-48 (1960) - Ref. Stärke 13. 316 (1961), Ref.J.(russ.) 1961, 13 N447.

Über die neuesten Untersuchungen über Kartoffelmehl und Kartoffelstärke. Kainuma, K. J.technol.Soc.Starch (Japan) 9. 61-63 (1961).

Neue moderne Kartoffelstärkefabrik in Schweden in Betrieb genommen. Amer.Potato J. 37. 113-14 (1960).

Typisierung der Stellenpläne für das Grundpersonal der technologischen Anlagen von Kartoffelreibenstationen. Zukerman, I.Ss. und Pogonin, F.W. Zucker-Ind.(russ.) 34. Nr.8. 62-65 (1960) - Ref. Stärke 13. 152 (1961).

Kartoffelstärke-Industrie. Hees, E. Kartoffelbau 11. 150 (1960).

Kartoffelmehl. Willard, M.J. und Roberts, G.P. Potato Handb. 5. 43-44 (1960) - Ref. C. 1961. 332.

Die Produktion von Kartoffelstärke in Dänemark. Zwetkow, Je.E. Zucker-Ind.(russ.) 33. Nr.4. 65-67 (1959) - Ref.J.Chem.(russ.) 1959. 83759.

Kartoffelstärke. Treadway, R.H. in W.F.Talburt: Potato Processing, S.374-89. Avi Publishing Company,Inc., Westport,Conn. 1959.

Die Kartoffelstärkegewinnung und ihre Probleme. Ulmann, M. Nahrung 3. 889-908 (1959) - Ref.J.Chem.(russ.) 1960, 75066, C. 1961. 15228, Stärke 13. 63 (1961).

Aktuelle Probleme der Kartoffelforschung. Wegner, H. Kartoffelbau 8. 215-16 (1957).

Zur Kartoffelverarbeitung in der Stärkefabrik. Schmidt, H.D. Kartoffelbau 5. 253-54 (1954).

Herstellung und Verwendung von gereinigter Kartoffelstärke. Treadway, R.H. Econ.Bot. 7. 76-85 (1953).

Kartoffelstärke als Erzeugnis der Landwirtschaft und der Industrie. Willigen, A.H.A.de Chem.Weekbl. 46. 529-34. (1950) - Ref.C. 1951. I. 135, C.A. 46, 3782 b (1952).

Kartoffelstärkeherstellung nach neuzeitlichem Verfahren. Szego, E. Ind.agric aliment. 64. 71-79 (1947).

Stärken der weißen Kartoffel. Meiss, P.E., Treadway, R.H. und Smith, L.T. Ind.Engng.Chem., ind. Edit. 36. 159-63 (1944) - Ref. C. 1946. II, 2483.

Über die chemischen Vorgänge bei der Kartoffelstärkefabrikation. Kröner, W. Z.Spiritusind. 67. Nr.27/30. 2 (1944) - Ref. C. 1945. I. 109.

Kartoffelstärke-Fabrikation. Chemiker-Ztg. 66. 503 (1942) - Ref.C. 1943. I. 2452.

Gewinnung von Weißkartoffelstärke in den Vereinigten Staaten. Brautlecht, C.A. Ind.Engng.Chem.ind,Edit. 32. 893-98. (1940) - Ref. C. 1940. II. 3562.

Die Industrie der Kartoffelerzeugnisse. Chem.Age 42. 267-69, 279-81, 291-93, 301-02 (1940) - Ref. C. 1941. I. 2464.

Kartoffelstärke und -mehl. Thomas, E.J. Food Manufact. 15. 33-34, 38 (1940) - Ref. C. 1940. II. 140.

Über Kartoffelstärke. Steinitzer, F. Z.Volksernährg. 14. 30-32 (1939) - Ref. C. 1939. I. 3276.

Die Kartoffelstärke, ihre Derivate, ihre Gewinnung. Nouveau, Henri Papier (Paris) 42. 383-402, 465-72. (1939) - Ref. C. 1939. II. 1793.

Die Kartoffel und ihre Produkte: Kartoffelmehl, Dextrin und Glucose. Ventress, W.E.S. Chem.and Ind. 58. 1069-70 (1939) - Ref. C. 1940. I. 1917.

Herstellung und Beurteilung von Kartoffelstärkemehl. Kröner, Waldemar Z.ges.Getreidewes. 26. 162-70. (1939) - Ref.C. 1939. II. 3641.

Versuche über die Herstellung von Stärke und löslicher Stärke. Kishore, R., und Mukherji, K.C. J.Sci.Technol. (India) 4. 27 (1938).

Kartoffelstärke und deren Veredlungsprodukte. Dörfeldt, W. Chemiker-Ztg. 61. 113-15 (1937) - Ref. C. 1937. I. 3418.

Die Fabrikation der Kartoffelstärke. Appretur-Ztg. 28. 179-83 (1936) - Ref. C. 1937. I. 453.

Kartoffelstärke - eine "chemurgic" Möglichkeit. Brautlecht, C.A. Chem.Industries 38. 465-68 (1936).

Kartoffelstärke. Williams, A.E. Ind.Chemist.chem.Manufacturer 11. 259-63 (1935) - Ref. C. 1935. II. 2749.

Übersicht über die Stärkeerzeugung aus Kartoffeln. Regnaudin, A. Bull.Assoc.Chimistes Sucr.Distill Ind.agric.France Colonies 50. 307-12 (1933) - Ref. C. 1933. II. 2907.

Wissenswertes von der deutschen Kartoffelstärke. Steinitzer, Fritz Z.Volksernährung Diätkost 7. 68-69 (1932) - Ref. C. 1932. I. 3236.

Über die Kraft- und Wärmewirtschaft in Kartoffelstärkefabriken. Sprockhoff, M. Z.Spiritusind. 52. 205-06 (1929).

Eine Kartoffelstärkefabrik des weißrussischen Nahrungsmitteltrusts. N.B. Pischtsch.Promyschlennost (russ.) 1928. 100, 102.

Herstellung von Kartoffelstärke. Preuss, E. in R.P. Walton: A Comprehensive Survey of Starch Chemistry, Part 1, S. 139-57. Chemical Catalog Company, New York 1928.

Stärkegewinnung aus Kartoffeln ohne Verlust an Nährstoffen. Hansen, J. und Dietrich, W. Biedermann's Zbl. Agrikulturchem.ration. Landwirtschaftsbetriebe 54. 216-18 (1925) - Ref. C. 1925. II. 619.

Der Kohleverbrauch in der Kartoffelstärkefabrikation. Sprockhoff,M. Z.Spiritusind. 45. 223 (1922).

Beiträge zur Chemie der Kartoffelstärkefabrikation. Tryller, H. Chemiker-Ztg. 44. 833-834, 845-847, (1920) - Ref. C. 1921. II. 76.

Zur "Kartoffelstärkegewinnung durch Stärkeabziehverfahren". Jahn,E. Z.Spiritusind. 43. 86 (1920).

Technik der Kartoffelstärkefabrikation. Moore, C.C. Potato Mag. 2. Nr. 12, 10-11, 20, 22-23; 3. Nr. 1, 8-9, 20, 22-23 (1920) - W. Ref. 2347.

Die Kartoffelstärkeindustrie in Holland. Goosen, G. In-en Uitvoer 1917. Nr. 9. 190-92. - Ref. C.A. 12. 635 (1918), W.Ref. 2330.

Über die Fabrikation von Kartoffelstärke und die Möglichkeiten für eine Entwicklung dieser Industrie in Dänemark. Christiani, R. Ingeniøren 25. 443-450 (1916) - W.Ref. 2326 A.

Japaner erzeugen Kartoffelstärke. Popular Mechan.Mag. 20. 426 (1913) - W.Ref. 2322.

Zur Kartoffelverarbeitung in der Stärkefabrik. Parow, E. Z.Spiritusind. 34. 547 (1911).

Wie verarbeiten sich die diesjährigen Kartoffeln in der Stärkefabrik? Parow, E. Z.Spiritusind. 28. 458 (1905).

Die Herstellung von Stärke aus Kartoffeln und Kassawa. Wiley, H.W. U.S.Dep.Agric.Div.,chem.Bull. 58. (1900).

Herstellung von Kartoffelstärke. (Auszug). Hundhausen, J. Wagner's Jber.chem.Technol. 43. 781 (1897) - W.Ref. 2275.

Über Fehler und Verbesserungen in der Stärkefabrikation. Saare, O. Z.Spiritusind. 14. 229, 237-238, 253-254, 259-260, 275-276, 291 (1891) - W.Ref. 2251.

Zur Herstellung von Kartoffelmehl. Saare, O. Z.Spiritusind. 13. 119 (1890) - W.Ref. 2243.

Mitteilungen aus der Praxis der Stärkefabrikation. Schreib, H. Z. angew.Chem. 1. 694-696)1888) - Ref. C. 1889. I. 85, W.Ref. 1761.

Über die Herstellung von Kartoffelstärke. Dingler's polytechn. J. 248. 381-82 (1883) - W.Ref. 2017.

Kartoffelstärkefabriken. Fischer, H. Wagner's Jber.chem.Technol. 16. 371-377 (1870) - W.Ref. 2201.

101 Allgemein gehaltene Patente

(Gewinnung, Verfahren, Vorrichtungen. Vgl. auch "Allgemeines, Allgemein gehaltene Patente": 041).

Eine Vorrichtung zur Extraktion von Stärke durch elektrische Dekantation. Kobayashi, Ch. Japan.P. 6874 ausg. 5/8. 1956 - Ref.J. Chem.(russ.) 1960. Nr. 75082.

Extraktion von Kartoffelstärke. Mij. voor Kolenbewerking Stamicarbon N.V. F.P. 1 120 588 vom 24/1. 1955, ausg. 9/7. 1956. Holl. Prior. 26/1. 1954. - Ref. C. 1957. 4261.

Gewinnung von Kartoffelstärke. Stamicarbon N.V. Holl.P. 78 882 Kl. 89k vom 26/1. 1954, ausg. 15/8. 1955. - Ref. C. A. 50. 8238c (1956).

Gewinnung von Kartoffelstärke. Svenska Jästfabriks Aktiebolaget Dän.P. 74 365 vom 27/3. 1946, ausg. 23/6. 1952. Schwed.Prior. 27/3. 1945. - Ref. C. 1954. 6610.

Gewinnung von Kohlehydraten aus Kartoffeln sowie Gärungsprodukte daraus. Svenska Jästfabriks Aktiebolaget (Erfinder: N.R. Normander) Schwed.P. 138 848 vom 27/3. 1945, ausg. 27/1. 1953. - Ref. C. 1955. 3508.

Gewinnung von Stärke aus Kartoffeln. Aktiebolaget Separator übert. von: Eckers, C.G., Stockholm, Schweden. A.P. 2 443 310 vom 22/7. 1944, ausg. 15/6. 1948 - Ref. C. 1948. II. 1242.

Verfahren für die Verarbeitung von Kartoffeln zu Stärke. Nationale Zetmeelindustrie, N.V. Holl.P. 49 134 Kl.89k vom 27/3. 1939, ausg. 15/8. 1940.

Vorrichtung zur Gewinnung von Stärke aus den Abfällen von Kartoffelschälmaschinen. Schuhmacher, A. D.R.P.711 508 Kl.89k vom 10/9. 1938, ausg. 2/10. 1941.

Gewinnung von Kartoffelstärke. Kröner, Waldemar, Berlin (Erfinder: Gerhard Knoblich, Piesteritz) D.R.P. 662 523 Kl.89k vom 6/7. 1935, ausg. 15/7. 1938. - Ref. C. 1938. II. 2660.

Herstellung von Stärke aus Kartoffeln. Szniolis, Michael, Posen Poln. 21 600 vom 14/11. 1933, ausg. 8/7. 1935 - Ref. C. 1937. I. 453.

Kartoffelstärke. Malinsky, Vladimir. Prag Tschechosl.P. 41 327 vom 4/8. 1930, ausg. 25/10. (1932). - Ref. C. 1933. II. 627.

Verfahren zur Aufarbeitung von Kartoffeln. Preßkartoffel-Werke Koehlmann G.m.b.H. D.R.P. 389 503 Kl.89k vom 18/2. 1922, ausg. 2/2. 1924.

Fabrikation von Kartoffelstärke. Wertheim, Hugo und Nyithraer Stärkeindustrie Akt.-Ges. Oe.P. 91131 vom 23/2. 1917, ausg. 10/2. 1923. - Ref. C. 1923. IV. 369.

Verfahren zur Gewinnung von Stärke aus Kartoffeln. Wertheim, Hugo und Nyitraer Stärkeindustrie-Akt.-Ges. D.R.P. 331 378 vom 1/3. 1917, ausg. 3/1. 1921 - Ref. C. 1921. II. 858.

Vorrichtung zur Gewinnung von Stärke aus zerkleinerten Kartoffeln. Sjollema, Bouwe, Utrecht, und Meyer, Obbe, Veendam, Niederlande D.R.P. 311 454 Kl.89k vom 28/12. 1916, ausg. 21/3. 1919. - Ref. C. 1919. II. 677.

Verfahren und Vorrichtung zur Gewinnung von Stärke und Nebenprodukten, insbesondere Futtermitteln, aus zerkleinerten Kartoffeln. Fritsche, Franz D.R.P. 311 453 Kl.89k vom 20/5. 1914, ausg. 28/3. 1919. - Ref. C. 1919. II. 676.

Verfahren zur Gewinnung von Stärke aus stärkehaltigen Rohstoffen, insbesondere Kartoffeln, Pülpe u. dgl. Peche, Kuno, Wien D.R.P. 292 864 Kl.89k vom 8/1. 1914, ausg. 28/6. 1916. - Ref. C. 1916. II. 294.

Kombinierter Kartoffelstärke-Extraktionsapparat. Aktien-Fabrik Landwirtschaftl. Maschinen- u. Ackergeräte, Regenswalde. D.R.P. 11 404 Kl.89k vom 12/3. 1880, ausg. 23/11. 1880.

Kombinierter Kartoffelstärkeapparat. Angele, W., D.R.P. 16 221 Kl.89k, vom 14/11. 1880, ausg. 22/12. 1881.

102. Technologische Fragen, Stärkegewinnungsanlagen

(Vgl. auch "Allgemeines, Technologische Fragen": 042)

Erprobung und Einführung des Kartoffelverarbeitungsaggregates AKPTsch 25-50. Pasiruk, K.I., Tschudinow, A.A. und Muchanowa, A.I. Zucker-Ind.(russ.) 28. Nr. 3. 44-49 (1964) - Ref. C. 1965. 41-2875.

Über typisierte technologische Schemata der Kartoffelstärkeherstellung. Schtyrkowa, Je.A. und Pewsner, G.M. Zucker-Ind.(russ.) 36. Nr.9, 52-57 (1962) - Ref. C. 1964. 28-2722, Ref.J.Chem. (russ.) 1963. 5 R 283.

Über typische technologische Schemata der Kartoffelstärkeindustrie. Burman, M.Je. Zucker-Ind.(russ.) 1962. Nr.4. 52-57 - Ref.J.Chem. (russ.) 1962. 24 N468.

Die Gewinnung von Kartoffelstärke mit Hilfe der Aggregate des Systems Pasiruk - Tschudinow. Pasiruk, K.I. Moskau, Verlag Zentrosojus 1961. 182 S. - Ref.J.Chem.(russ.) 1962. 8 N314.

Neue Forschung und Entwicklung auf dem Gebiet des Kartoffelmehls und der Kartoffelstärke. Treadway, R.H. Amer.Potato J. 38. 25-29 (1961) - Ref. C.A. 56. 6226 g (1962), Stärke 14. 30 (1962), Ref.J.Chem.(russ.) 1962. 8 N308.

Eine moderne Kartoffelstärkefabrik in Hokkaido. Suzuki, Y. J.technol.Soc.Starch (Japan) 8. 104-07 (1961) - Ref.J.Chem.(russ.) 1962. 3 N296.

Ein neues kontinuierliches Schema für eine Kartoffelstärkefabrik großer Kapazität. Pewsner, G.M. und Bondar, T.A. Arb.zentr. wiss.Forsch.-Inst.Stärke-Sirup-Ind. (russ.) 4. 110-18 (1960). - Ref.J.Chem.(russ.) 1961. 22 N252, Stärke 14. 386 (1962).

Ein kontinuierliches technologisches Schema für die Gewinnung von roher Kartoffelstärke in der Schilowsker Fabrik. Miljutin, A.A. Arb.zentr.wiss.Forsch.-Inst.Stärke-Sirup-Ind. (russ.) 4. 21-28 (1960) - Ref.J.Chem.(russ.) 1961. 22 N255, Stärke 14. 227 (1962).

Ergebnisse der Produktionsversuche mit neuen Maschinentypen für die Kartoffelstärkeerzeugung. Bakanow, N.A. Zucker-Ind.(russ.) 33. Nr. 7 69-71 (1959) - Ref. Stärke 13. 188 (1961).

Technische Kontrolle in den Kartoffelstärke-Fabriken. Otsuka, H. J.technol.Soc.Starch (Japan) 5. 80-84 (1957).

Aggregat zur Gewinnung von Stärke aus Kartoffeln. Pasiruk, K.I. Stärke 8. 242-45 (1956) - Ref. C. 1957. 13829.

Das Kartoffelverarbeitungsaggregat System Pasiruk-Tschudinow. Bakanow, N.A. Arb.zentr.wiss.Forsch.-Inst.Stärke- u. Stärkesirup-Ind.(russ.) 2. 47-61 (1955).

Vorrichtung zur Herstellung von Kartoffelstärke in Hokkaido. Kamijima, H. und Miwasaki, T. J.technol.Soc.Starch (Japan) 3. 50-53 (1955) - Ref. C.A. 51. 14301e (1957).

Die Fabrikation der weißen Kartoffelstärke. Vergleich des kontinuierlichen und Einzelchargenverfahrens. Howerton, W.W. und Treadway, R.H. Ind.Engng.Chem. 40. 1402-07. (1948) - Ref. C. 1949. II. 1458.

Neue Technik in der Kartoffelstärke- und Spiritusindustrie. Normander, N.R. Kungl.Lantbruksakademiens Tidskr. 90. 395-406 (1951) - Ref. C.A. 46. 3711e (1952), Stärke 4. 188 (1952).

Neuzeitliche Technologie bei der Herstellung von Kartoffelstärke. Muller, G.J. Chem.metallurg.Engng. 48. Nr. 3 78-81, 83 (1941).

Neuzeitliche Kartoffelstärkeherstellung. Kröner, W. Z.Ver.dtsch. Ing.Beih.Verfahrenstechn. 1940. 183-89. - Ref. C. 1941. I. 2875.

Über die Bildung schwarzer Beläge auf Apparaturen der Kartoffelstärkefabriken. Kröner, W. Z.Spiritusind. 60. 39. 45. (1937) - Ref. C. 1937. II. 149.

Über die Säuerung des Betriebswassers in Kartoffelstärkefabriken. Niewiadomski, H. Z.Spiritusind. 57. 46. (1934). - Ref. C. 1934. I. 2838.

Fortschritte in der Technik der Kartoffelstärkefabrikation. Ebel,J. Chemiker-Ztg. 56. 829-30 (1932) - Ref. C. 1933. I. 2476.

<u>Kartoffelstärke. Neuzeitliche Verfahren zu ihrer Gewinnung.</u> Williams, A.E. Chem.Trade J. <u>90</u>. 29-30, 54. (1932) - Ref. C. <u>1932</u>. II. 3491.

11. Das Ausgangsmaterial: die Kartoffel

110. Allgemeines

1101. Allgemeine Fragen

(Bedeutung, Geschichte, Stärkeertrag)

<u>Zur Frage der Erhöhung des Stärkegehaltes der Fabrikkartoffel.</u> Gretschischnikowa, O.K. Arb.zentr.wiss.Forsch.-Inst.Spiritus- u. Likör-Branntwein-Ind.(russ.) <u>1962</u>. Nr. 13. 54-60. - Ref.J.Chem. (russ.) <u>1963</u>. 19 R275, C.A.(B) <u>60</u>. 4460b (1964).

<u>Lohnt sich heute noch ein Stärkekartoffelbau?</u> Hector, Kartoffelbau <u>13</u>. Nr.3 Stärkekartoffel <u>7</u>. Nr.1. 1-2 (1962).

<u>Die Kartoffel, ein Handbuch.</u> Schick, R. und Klinkowski, M. VEB Deutscher Landwirtschaftsverlag, Berlin 1961/62 1. u. 2. Teil, 2112 S. - Ref. Stärke <u>15</u>. 198 (1963).

<u>Stärkegehalt und Stärkeertrag als Leistungsmaßstab im Kartoffelanbau.</u> Görlitz, H. Dtsch.Landwirtsch. <u>11</u>. 138-41 (1960).

<u>Mehr Beachtung dem Stärkeertrag im Kartoffelbau.</u> Stricker, H. Dtsch.Landwirtsch. <u>11</u>. 171-72 (1960).

<u>Geringer Stärkegehalt der Fabrikkartoffeln.</u> Kartoffelwirtschaft <u>13</u>. 552 (1960) - Ref.Stärke <u>13</u>. 424 (1961).

<u>Untersuchungen zur Erhöhung des Stärkegehalts von Kartoffeln.</u> Janicki, J. und Szebiotko, K. Roczniki Wyzszej Szkoly Rolniczej Poznaniu <u>6</u>. 51-57 (1959).

<u>Kartoffel-Stärkegehalte in Bayern.</u>Kartoffelwirtschaft <u>31</u>. 369 (1959).

<u>Stärkeförderung wird fortgesetzt.</u> Lenk, L. Kartoffelbau <u>10</u>. Nr.7. Stärkekartoffel <u>4</u>. Nr. 4. 1 (1959) - Ref. Stärke <u>12</u>. 244 (1960)

Die Erhaltung des Rohstoffwertes von Kartoffeln. Fischnich, O., Heilinger, F. und Pätzold, Chr. 2.Tag. Kartoffelforsch.techn.-wiss.Jtagung Arb.-Gemeinsch.Kartoffelforsch. i.d.Förderungsgemeinsch.Kartoffelwirtsch.e.V. 1959. 7-32. 23-24/4.

Stärkegehalt und Stärkeertrag bestimmen den Erfolg. Kartoffelbau 9. Nr.12, Stärkekartoffel 3. Nr.6. 2 (1958).

Stärkegehalt und Stärkeertrag bestimmen den Erfolg. Kartoffelbau 9. Nr.10., Stärkekartoffel 3. Nr.5. 2-3 (1958).

Auch 1958 Stärkekartoffeln anbauen! Kartoffelbau 9. Nr. 3, Stärkekartoffel 3. Nr.2. 1 (1958).

Die Kartoffel - Produktion und Verbrauch. Cox, A.E. Wld.Crops 10. 333-36 (1958).

Die Kartoffel. Buhr, H. und Neye, W. Neue Brehm-Bücherei. A.Ziemsen Verlag, Wittenberg Lutherstadt 1958. Heft 212. 135 S., 35 Abb., 4 Karten, 10 Tabellen. - Ref. Stärke 11. 146 (1959).

Kartoffeln als industrielles Rohmaterial. Radley, J.A. Chem.and Ind. 1954. 64-68 - Ref. C. 1955. 10402.

Stärkehaltige Futter- und Fabrikkartoffeln - Warum und wie? Geyer, H., Henke, F. und Bremer, K. Hefte für den Kartoffelbau Nr. 1 Landwirtschaftlicher Verlag Th.Mann K.G., Hildesheim 1953.

Kartoffeln. U.S.Dep.Agric.Statist.Bull. 122. 1-109 (1953).

Die Kartoffel. Die wichtigsten Eigenschaften der Knolle als Lebensmittel und Rohstoff. Zweite Auflage. 1950. Kröner, W. und Völksen, W. Die Ernährung. Abhandlungen aus dem gesamten Gebiet der Ernährungswissenschaft. Johann Ambrosius Barth/Verlag/Leipzig. (172 S.) - Ref. C.A. 46. 4829g (1952).

The Potato. (Die Kartoffel). Burton, W.G. Chapman and Hall, London 1948.

Die Kartoffel. Kröner, W. und Völksen, W. Ernährung, Beih. 9. 1942. 1-130.

Über die Sicherung hohen Stärkegehaltes der Kartoffel. Winogradaki, B.M. Chemisat.socialist.Agric.(russ.) 9. 27-30. (1940) - Ref. C. 1944. I. 2577.

Zur Geschichte der Kartoffel. Fuesz. W.F.K. Forschungsinst.f.Stärkefabrikation Berlin 1940. 96 S.

The Potato, its Culture, Uses, History, and Classification. 4th Ed. (Die Kartoffel, ihre Kultur, Verwendung, Geschichte und Klassifikation. 4.Aufl.) Stuart, W. J.P.Lippincott Co., Chicago, Philadelphia und New York 1937.

Wert und Bedeutung der Kartoffel als deutsche Rohstoffquelle. Schilling, E.v. Phosphorsäure 10. 3-8 (1941) - Ref. C. 1941. I. 2602.

Kartoffelwirtschaftliche Aufgaben. Hecht, K. Z.Spiritusind. 62. 3-4 (1939).

Bibliographie der Kartoffel (Solanum tuberosum L.) Ausgewähltes Verzeichnis ausländischer Veröffentlichungen bis 1930. Fermeren, N. Bull.appl.Bot.Genetics and Plant breeding. Ser. 13. Nr. 1 (russ. u. engl.)

Noch einmal: Erhöhung des Stärkegehalts der Kartoffel. Rose, v. Z.Spiritusind. 51. 318 (1928).

Welche Faktoren beeinflussen die Höhe des Stärkeertrages? Felber,W. Z.Spiritusind. 51. 324-25 (1928).

Ein neuer Weg zur Erhöhung des Stärkegehalts der Kartoffel. Ekhard, W. Z.Spiritusind. 51. 259 (1928) - Ref. C. 1928. II. 2299.

Ein neuer Weg zur Erhöhung des Stärkegehalts der Kartoffel. Hartmann, F. Illustr.landwirtsch.Ztg. 1928. Nr.34.

Kartoffelknollen. Neumann, H. J.Landwirtsch. 73. 7-38 (1925) -W. Ref. 2161.

Aus der Geschichte der Kartoffel. Schenkling, C. Prometheus 31. 33-35 (1919) - C.1920. II. 249.

Aufgaben der chemischen Forschung auf dem Gebiet der Kartoffelkultur, - lagerung und -verwendung. Hayduck Z.Spiritusind. 41. 371 (1918).

Welche Kartoffelsorten werden hauptsächlich in den Stärkefabriken verarbeitet und wie wird über die Verarbeitung der Sorten geurteilt? Parow, E. Z.Spiritusind. 33. 447 (1910) - W.Ref. 2088.

Ist der Käufer von Kartoffeln berechtigt, von dem mittels der Kartoffelwaage ermittelten Stärkegehalte der Kartoffeln 1 1/2 pCt. in Abzug zu bringen? Parow, E. Z.Spiritusind. 32. 459 (1909).

Stärkereiche Kartoffelsorten anbauen. Pallas Z.Spiritusind. 29. 123 (1906).

Zum Kauf und Verkauf der Kartoffeln nach Probe und Angabe der Kartoffelwaage. Saare, O. Z.Spiritusind. 8. 454-55 (1885) - W.Ref. 2029.

1102. Die Kartoffel im Hinblick auf ihre technologische Verwertung

(Industriekartoffel, Qualität, Kartoffelverwertung, Kartoffelveredlung. Vgl. auch "Nahrungsmittel aus Kartoffeln": 413).

Industrielle Verwendbarkeit der Kartoffel. Jackson, M.L. Ind. Engng.Chem.int.Edit. 54. 50-56 (1962) - Ref. Stärke 15. 38 (1963), C. 1963. 4177, Ref.J.Chem.(russ.) 1962. 14 N335.

Zur Qualität von Kartoffeln für die industrielle Verarbeitung. Schulz, P. Die Lebensmittel-Ind. 9. 234-235, 276-77 (1962) - Ref.J.Chem.(russ.) 1963. 23 R 298/99, Stärke 18. 231 (1966).

Verfahren zum Konservieren von Kartoffeln. J.R.Simplot Comp. D.A.S. 1 156 632 Kl.53c vom 8/5. 1961, ausg. 31/10. 1963 - Ref. Stärke 17. 203 (1965).

Stärkefraktionen von Kartoffeln. Frimmel, G. Bodenkultur (Wien) 198-206 (1961) - Ref.J.Chem.(russ.) 1962 11 N286.

Über Qualität und industrielle Verwertungseigenschaften der Kartoffel. Winkler, S. Kartoffelbau 12. 248-49 (1961).

Zur industriellen Kartoffelverarbeitung. Der Bundesverband, Ziel und Aufgaben seiner Fachgruppen. Endres, W. Kartoffelbau 12. 241-44 (1961).

Gegenwart und Zukunft der Kartoffelveredlung in den U.S.A. Kainuma, K. J.technol.Soc.Starch (Japan) 9. 27-30 (1961).

Die Kartoffelveredlung und ihre Zukunft. Merker, A.E. Amer.Potato J. 38.66-70 (1961).

Die Bedeutung der Kartoffel-Veredelung in Deutschland. Eckart, W. European Potato J. 4. 74-86 (1961) - Ref. Stärke 14. 387 (1962).

Über einige technologische Merkmale der Kartoffelknollen. Nowotny, F., Pałasiński, M. und Sochocka, J. Biul.Inst.Hodowli Aklimatyzacji Róslin 1960. 63.

Nichtlebensmittel-Absatzgebiete für Kartoffeln: Stärke und Futtermittel. Treadway, R.H. Potato Handb. 5. 45-49 (1960) - Ref. C. 1961. 336.

Die Industriekartoffeln, ihr Stärkegehalt und Preis. Svoboda, S. und Fiala, M. Průmysl Potravin 11. 117-20 (1960) - Ref.J.Chem. (russ.) 1961 3 N276, Stärke 13. 278 (1961)

Ökonomische Probleme der Kartoffelverwertung. Bergmann, H. Kartoffelbau 10. 72-74 (1959) - Ref. Stärke 12. 223 (1960).

Kartoffel-Veredelung. Potato Processing. Talburt, W.F. und Smith,O. Avi Publ.Co.,Inc., Westport,Conn. 1959. 475 S.

Jahrestagung des Arbeitskreises Stärkekartoffeln. Bremer Kartoffelbau 10. 70-71 (1959) - Ref. Stärke 12. 223 (1960).

200 Jahre industrielle Kartoffelverarbeitung in Deutschland. Wegner, H. Kartoffelbau 10. 68-70 (1959).

Geschichte der Kartoffelveredelung. Talburt, W.F. in W.F.Talburt: Potato Processing S. 1-11. Avi Publishing Company,Inc., Westport,Conn. 1959.

Kartoffelverarbeitung in Dänemark. Kissmeyer-Nielsan, E. Potato J. 35. 407-12 (1958).

Stand und Aufgaben der industriellen Verwertung von Kartoffeln. Bittelmann, O. Kartoffelbau 9. 128-30 (1958).

Die Kartoffeln im Lichte der Anforderungen der Stärkeindustrie. Nowotny, F. Biul.Inst.Hodowli Aklimatyzacji Róslin 1958. 34.

Die Stärkekartoffel. Beiheft zu der Zeitschrift Kartoffelbau, ab 1955. Verlag Th.Mann G.m.b.H. Hildesheim.

Die Industriekartoffel. Groeneveld, J. Landbouwkund.Tijdschr. 65. 664-70 (1953) - Ref. C. 1954. 11072.

Kartoffelanbau und -verwertung in Deutschland. Enke, H. Dissertation Köln 1952.

Die Kartoffelindustrie. Faulds, J.M. Chem. and Ind. 59. 773 (1940). - Ref. C. 1941. II. 1221.

Neuere Erkenntnisse bei der Kartoffelverwertung. Kröner, W. Z.Spiritusind. 62. 261-62 (1939) - Ref. C. 1939. II. 2858.

Neuere Erkenntnisse bei der Kartoffelverwertung. Kröner, W. VI. Congr.int.techn.chim.Ind.agric. Budapest, C.R. 2. 472 (1939).

Kartoffelverwertung und -verarbeitung. Kröner, W. Forschungsdienst Sond.-H. 8. 600-04 (1938) - Ref. C. 1938. II. 4326.

Die deutsche Kartoffelerzeugung und die Verwertung der Kartoffelernten. Woermann, E. und Sasse-Hillebrandt Forschungsdienst 5. 7-26 (1938).

Kartoffel als Rohstoff. Kröner, W. Vorratspflege u. Lebensmittelforsch. 1. 142 (1938)

Zur besseren Ausnutzung der Kartoffeln in Haushalt und Industrie. Schuchardt, Gustav Chemiker-Ztg. 61. 960-61 (1937) - Ref. C. 1938. I. 2970.

Wie können ungewöhnlich stärkearme (glasige) Kartoffeln verwertet werden? Greisenegger und Neudecker Landeskultur (Wien) 2. 10-14 (1935).

Die Verwendung der Kartoffel. Gore, H.C. Bull. Dep. Agric., New Jersey 28. 253-274 (1921) - W.Ref. 2352.

Deutschlands Kartoffel-Erzeugung und -Verwertung. Verlag von Haaring & Schramm, Leipzig 1920.

Industrieller Wert und Nährwert der Kartoffel in Irland. (Auszug). Johnson, T. und Boyle, C. Dep. Agric. Technol. Instr. Ireland J. - Ref. C. A. 14. 2274 (1920) - W.Ref. 2140.

Verwendungsmöglichkeiten der Kartoffel. (Auszug). Gore, H.C. Exp. Stat.Rec. 38. 207 (1918) - W.Ref. 2331.

Die gewerbliche Verwertung der Kartoffel. Poucher, W.A. Pharmac.J. Pharmacist 4 47. 63-64 (1918) - Ref. C. 1919. II. 19, W.Ref. 2335.

Die Verwertung der Kartoffeln in den technischen Betrieben. Parow, E. Z.Spiritusind. 28. 383 (1905).

Über die für die Stärkefabrikation wichtigen Veränderungen der Zusammensetzung der Kartoffeln in den verschiedenen Reifestadien. Saare, O. Z.Spiritusind. 7. 191-195 (1884) - Ref. W.Ref. 2219.

111. Kartoffelanbau

1111. Anbau und Sortenzüchtung
1112. Einfluß von Düngemitteln

1111. Anbau und Sortenzüchtung

Probleme des Stärkekartoffelanbaues. Welte, E. Kartoffelbau 13. 46-48 (1962) - Ref. Stärke 14. 389 (1962).

Sortenzahl und Düngung bei Stärkekartoffeln in Praxis und Feldversuch. Rhode, W. Kartoffelbau 13. Nr.3. Stärkekartoffel 7. Nr.1. 2-3 (1962).

Leistung stärkereicher Sorten im Rahmen der Wertprüfung 1958/60. Höppner, E. Kartoffelbau 13. Nr.3. Stärkekartoffel 7. Nr.1. 4 (1962).

Probleme der Auswahl optimaler Kartoffelsorten für die Stärkeindustrie. Maurer, W. Stärke 13.257-65 (1961) - Ref. C. 1962. 5127, Ref. J. Chem.(russ.) 1962. 4 N363.

Wirkung von Anbaumaßnahmen auf den Stärkeertrag. Rhode, L.W. Kartoffelbau 12. 80-82 (1961) - Stärke 14. 150, 334 (1962).

Kartoffelsorten und ihre Verarbeitungseignung in der Veredelungsindustrie. Höppner, E. Kartoffelbau 12. 246-47 (1961).

Gibt es neue stärkereiche Kartoffelsorten? Höppner, E. Kartoffelbau 11. Nr.6. Stärkekartoffel 5. Nr.3. 3 (1960).

Fabrikkartoffelanbau und -absatz 1960. Kartoffelbau 11. Nr.6. Stärkartoffel 5. Nr.3. 1 (1960).

Die stärkereichsten Sorten unseres Kartoffelsortimentes. Höppner, E. Kartoffelbau 11. Nr.3. Stärkekartoffel 5. Nr.2. 4 (1960) - Ref. Stärke 13. 189 (1961).

Die stärkereichsten Sorten unseres Kartoffelsortimentes. Höppner,E. Kartoffelbau 11. Nr.1. Stärkekartoffel 5. Nr.1. 1-2 (1960) - Ref. Stärke 13. 189 (1961).

Einfluß der Züchtungsbedingungen auf die Saateigenschaften von Kartoffeln. Schirokoshuchow, M.P. Agrobiologie (russ.) 1959. 929-31. Stärke 13. 424 (1961).

Kartoffelsorten. Thompson, N.R. in W.F.Talburt: Potato Processing, S. 44-69. Avi Publishing Company,Inc. Westport,Conn. 1959.

Sortenheft 1959. Niederl.Kartoffel 8. Nr.3. 1-28 (1959).

Nachprüfung des deutschen Kartoffel-Sortiments 1939-1958. Klapp,E. Z.Acker- u. Pflanzenbau 109. 121-26 (1959).

Anbauempfehlungen für 1959. Kartoffelbau 10. Stärkekartoffel 4. Nr. 2, 1-2 (1959) - Ref. Stärke 12. 123 (1960).

Das schweizerische Richtsortiment im Kartoffelbau 1959/60. Keller, E.R. Mitt.schweiz.Landwirtsch. 7. 145-51 (1959).

Bericht über die Hauptversuche mit mittelfrühen Speisekartoffeln 1956-1958. Keller, E.R. Mitt.schweiz.Landwirtsch. 7. 164-74 (1959).

Kartoffelsorten der Deutschen Demokratischen Republik. Gall, H. Arb.der Zentralstelle für Sortenwes. Berlin: Zentralstelle für Sortenwes. 1959. 140 S.

Stärkekartoffelanbau auf leichten Böden. Ziffer Kartoffelbau 10. Stärkekartoffel 4. Nr.1,2 (1959) - Ref. Stärke 12. 122 (1960).

Vorschau auf die Pflanzguterzeugung 1959. Pielen, L. und Böringer, D. Kartoffelbau 10. 144-45 (1959) - Ref. Stärke 12. 224 (1960).

Die zur Anerkennung 1959 zugelassenen Kartoffelsorten. Höppner, E. Kartoffelbau 10. 124-25 (1959).

Die Ertragsleistungen der Kartoffelsorten 1958. Höppner, E. Kartoffelbau 10. 48-49 (1959) - Ref. Stärke 12. 123 (1960).

Die Ertragsleistungen der stärkereichen Sorten. Höppner, E. Kartoffelbau 10. Nr.3. Stärkekartoffel 4. Nr. 2. 2-4 (1959) - Ref. Stärke 12. 123 (1960).

Stärkekartoffeln erfordern eine sorgfältige Betreuung. Zitzewitz, A.v. Kartoffelbau 10. Nr.7. Stärkekartoffel 4. Nr.3. 1-2 (1959) - Ref. Stärke 12. 224 (1960).

Planmäßiger Anbau. Lenk,L. Kartoffelbau 10. Nr.1. Stärkekartoffel 4. Nr.1. 3 (1959).

Standortgerechter Kartoffelbau. Siebeneick, H. Bayerisches landwirtsch. Jb. 36. 259-75 (1959).

Aktuelle Fragen des Kartoffelbaues. Fischnich, O. Praxis u. Forsch. 11. 49-50 (1959).

Gegenwartsfragen im Kartoffelbau. Fischnich, O. Landwirtschaftsblatt 106. 466-67 (1959).

Untersuchungen an in der Türkei gewachsenen Kartoffelsorten. Tariman,C. und Ilisulu, K. Ankara Univ.,Ziraat Fak., Yayinlari Nr. 144. 1-52 (1958) - Ref. C.A. 54. 7923i (1960).

Die Ergebnisse der Sortenversuche bei Kartoffeln 1951 bis 1956. Gall, H. Arb.Zentralstelle Sortenwes. 1958. Nr.1. 13-104.

Die Pflanzguterzeugung 1958. Pielen, L. Kartoffelbau 9. 243-46 (1958).

Wildwachsende und kultivierte Kartoffelarten in verschiedenen geographischen Gebieten der Sowjetunion. Perlowa, R.L. Verlag Akad. Wiss.UdSSR,(russ.) Moskau 1958. 238 S.

Stärkeleistungen der im Grünen Plan geförderten 12 Sorten. Höppner, E. und Geidel, H. Kartoffelbau 8. Nr. 12. Stärkekartoffel 2. Nr.6. 2-4 (1957).

Studien über Kartoffelsorten in der Station Tiganesti. Dimitrescu, M. An.Inst.Cercetări agronom.Romăniei 25. Nr.6. 317-29 (1957).

Der Stärkegehalt bei Kartoffelhybriden. Iwantschenko, G.S. Agrobiologie (russ.) 1957. Nr.3. 105-08. - Ref. C. 1958. 1050.

Die wichtigsten Eigenschaften von in der Türkei gewachsenen Kartoffeln. Ilisulu, K. Ankara Univ.,Zirat Fak., Yayinlari Nr. 118. 1-248 (1957) - Ref. C.A. 54. 7924b (1960).

Neue Kartoffelsorten aus der Landwirtschaftlichen Forschungsstation Cluj. Velican, V. und Felecan, V. An.Inst.Cercetări agronom. Romăniei 25. Nr.6. 239-52 (1957).

Methoden und Probleme der Kartoffelzüchtung. Schick, R. Sitzungs-Ber.dtsch.Akad.Landwirtsch.-Wiss.Berlin 5. Nr. 29 1-40 (1956).

Über den Stärkegehalt von Kartoffelknollen im äußersten Norden. Asarewitsch, Je.M. Biochem.Früchte Gemüse, Akad.Wiss.UdSSR, Inst.Biochem. "A.N.Bach" (russ.) 1955. Nr.3. 263-76.

Biochemische Charakterisierung einiger in der südlichen Zone Kasachstans kultivierter Kartoffelsorten. Schikina, A.P. und Korsunowa, Je.D. Nachr.Akad.Wiss.Kasach SSR, Ser.Biol.(russ.) 1955.Nr. 10. 66-86 - Ref. C. 1956. 9054.

Über den Einfluß von Spurenelementen auf den Ertrag von Kartoffeln und ihre Widerstandsfähigkeit gegen Krankheiten. Doroskin, N.A. und Kustowa, A.I. Semledelie (russ.) 3. Nr.6. 66-70 (1955) - Ref. C.A. 49. 14252b (1955).

Chemische Sortierung von Saatkartoffeln. Bamberg, K.K. Nachr.Akad. Wiss.Lett.SSR (russ.) 1954. Nr.12. 45-54. Ref. C. 1955. 9888.

Möglichkeiten der Ertragssteigerung bei der Kartoffel durch Ausnutzung der Stärkegehaltsstreuung innerhalb der Sorte. Müller, G. Dissertation, Berlin 1952. 110 S.

Kartoffelwachstum in Irland in besonderem Zusammenhang mit der Erzeugung für industrielle Zwecke. Drew, J.P. und Deasy, D. J.Dep.Agric. (Dublin) 38. 220-38. (1941) - Ref. C. 1943. II. 2272.

Kartoffelanbau in Irland unter besonderer Berücksichtigung der Produktion für Industriezwecke. Drew, J.P. und Deasy, D. J.Dep. Agric. (Dublin) 36. 205 (1939).

Das Dunkeln der Kartoffel: Züchtung und Verarbeitung nichtdunkelnder Kartoffeln. Schmalfuss, H., Stelzner, G. und Kröner, W. Vorratspflege und Lebensmittelforsch. 1. 222-37 (1938) - Ref.C. 1938. II. 441.

Die Züchtung von Fabrikkartoffeln unter besonderer Berücksichtigung südamerikanischer Ausgangsformen. Schick, R. Congr.int. techn.chim.Ind.agric.Schéveningue, C.R. 5. I. 349-62 (1937) - Ref. C. 1938. I. 973.

Über den Anbau von Industriekartoffeln. Frederiksen, Theger.Congr. int.techn.chim.Ind.agric.Schéveningue, C.R. 5. I. 335-48 (1937) - Ref. C. 1938. I. 973.

Die Kartoffelsorten der Reichssortenliste, ihre Erkennung, Unterscheidung und wirtschaftliche Bewertung. Snell, K. und Geyer,H. Verlag P.Parey, Berlin 1935.

Geschichte der Kartoffelsorten. Davidson, W.D. J.Dep.Agric. (Dublin) 33. 57-81 (1935).

Zum Kartoffelbau auf Hochmoorböden. Husemann, C. Pflanzenbau 10. 81-110 (1933).

Kartoffelsorten ohne Zucker. Stirnus, A. Z.Spiritusind. 52. 77 (1929).

Die Ergebnisse der Anbauversuche der Deutschen Kartoffel-Kulturstation im Jahre 1927. Z.Spiritusind. 51. 75 (1928).

Handbuch des Kartoffelbaues. 2. Auflage Berlin 1928. Remy, Th.

Die Ergebnisse der Anbauversuche der Deutschen Kartoffel-Kulturstation im Jahre 1926. Z.Spiritusind. 50. 70 (1927).

Beiträge zur Züchtung stärkereicher und an großen Stärkekörnern reicher Kartoffelsorten. Parow, E. Z.Spiritusind. 45. 209-10 (1922).

Neue Aufgaben der Kartoffelzüchtung. Parow, E. Z.Spiritusind. 42. 167. (1919) - Ref. C. 1919. IV. 154.

Bericht über die im Jahre 1918, durch F.Heine zu Kloster Hadmersleben durchgeführten Versuche zur Prüfung des Anbauwertes verschiedener Kartoffelsorten. Prossen, K. Z.Spiritusind. 1919. Ergänzungsheft 59-65.

31. Jahresbericht der Deutschen Kartoffelkulturstation. Ergebnisse der von der D.K.K. im Jahre 1918 ausgeführten Anbauversuche mit verschiedenen Kartoffelsorten. Eckenbrecher, C.v. Z.Spiritusind. 1919. Erg.-Heft 3-58. - Ref. C. 1919. II. 767.

Ergebnisse der von der D.K.K.St.im Jahre 1917 mit verschiedenen Kartoffelsorten ausgeführten Anbauversuche. Eckenbrecher, C.v. Z.Spiritusind. 1918. Erg.-H. - W.Ref. 2122.

Die Kartoffel der Stärkefabrik im Gebirge. Larue, P. Ann.Sci.agronom.franc. étrangère 31. 343-345 (1914) - W.Ref. 2323.

Bericht über die Untersuchung von Kartoffeln der Ernte 1913. Hoffmann, J.F. und Preckel, F. Z.Spiritusind. 1914. Erg.-H. 67-72 - Ref. C. 1914. I. 1975. W.Ref. 2108.

Kartoffeluntersuchungen der Ernte 1912. Vorläufiger Bericht. Hoffmann, J.F. und Preckel, Fr. Z.Spiritusind. 1913. Ergänzungsheft 61-63. - Ref. C. 1913. I. 1302.

Das Ergebnis der Untersuchungen von Moorkartoffeln der Ernte 1912. Hoffmann, J.F. und Preckel, Fr. Z.Spiritusind. 36. 123-24. (1913) - Ref. C. 1913. I. 1302.

Ausführlicher Bericht über die Untersuchung von Kartoffeln der Ernte 1911. Hoffmann, J.F. u. Preckel, Fr. Z.Spiritusind. 1913. Ergänzungsheft 63-71. - Ref. C. 1913. I. 1302.

Bericht über die Anbauversuche der deutschen Kartoffelkulturstation im Jahre 1912. Eckenbrecher, C.v. Z.Spiritusind.1913. Ergänzungsheft 3-60 - Ref. C. 1913. I. 1302.

Bericht über die Anbauversuche der deutschen Kartoffelkulturstation im Jahre 1911. Eckenbrecher, C.v. Z.Spiritusind. 1912. Ergänzungsheft 1, 3-60. - Ref. C. 1912. I. 1733.

Kartoffelanalysen der Ernten 1909 und 1910. Hoffmann, J.F. Z.Spiritusind. 1911. Erg.-H. 61-64. - Ref. C. 1911. I. 1283, W.Ref. 2091.

Bericht über die Anbauversuche der deutschen Kartoffelkulturstation im Jahre 1910. Eckenbrecher, C.v. Z.Spiritusind. 1911. Erg.-H. 3-60. - W.Ref. 2090.

Vergleichende Anbauversuche verschiedener Kartoffelsorten in Livland. Berg, F. Illustr.landwirtsch. Ztg. 31. 234 (1911).

Kartoffelbau und Kartoffelverwertung in Livland. Wahl, N.v. Illustr. landwirtsch.Ztg. 31. 156-57 (1911).

Die Dabersche Kartoffel. Biederstedt Illustr.landwirtsch.Ztg. 31. 206-07 (1911).

Letztjährige Erfahrungen bei der Kartoffelkultur. Münzinger Illustr. landwirtsch.Ztg. 31. 165 (1911).

Der Kartoffelbau in Oesterreich. Bauer, J. Illustr.landwirtsch.Ztg. 31. 158-60 (1911).

Kartoffelbau in Dänemark. Hansen, A.J. Illustr.landwirtsch.Ztg. 31. 157-58 (1911).

Abbau und Wiederauffrischung von Kartoffelsorten durch Bodeneinflüsse. Störmer, K. Illustr.landwirtsch.Ztg. 31. 177-79 (1911).

Kartoffelbau auf Sandboden in Großbetriebe. Koziczkowsky, v. Illustr.landwirtsch.Ztg. 31. 136-37 (1911).

Kartoffelernte und Saatgut. Appel, O. Illustr.landwirtsch.Ztg. 31. 134-36 (1911).

Die Anbauversuche der Deutschen Kartoffelkulturstation 1910. Illustr.landwirtsch.Ztg. 31. 130-34 (1911).

Über die Ergebnisse einiger Kartoffelversuche in Schweden. Feilitzen, H.v. Illustr.landwirtsch.Ztg. 31. 127-30 (1911).

Die Ergebnisse der Heineschen Kartoffelanbauversuche zu Kloster Hadmersleben im Jahre 1910. Oetken, W. Illustr.landwirtsch.Ztg. 31. 113-15 (1911).

Kartoffelanbauversuche. Kreibich Illustr.landwirtsch.Ztg. 31. 199-200 (1911) - Ref. C.A. 5. 2345 (1911), W.Ref. 2093.

Über Kartoffelbau. Vibrans, C. Illustr.landwirtsch.Ztg. 29. 165-66 (1909) - Ref. C.A. 3. 1321 (1909), W.Ref. 2078.

Bericht über die im Jahre 1908 durch F. Heine zu Kloster Hadmersleben ausgeführten Versuche zur Prüfung des Anbauwertes verschiedener Kartoffelsorten. Oetken, W. Illustr.landwirtsch.Ztg. 29. 172-76 (1909) - Ref. C.A. 3. 1321 (1909), W.Ref. 2078.

Die Ergebnisse der Deutschen Kartoffel-Kulturstation 1908. Illustr. Landwirtsch.Ztg. 29. 166-70 (1909) - Ref. C.A. 3. 1321 (1909), W. Ref. 2078.

Zusammenfassender Bericht über die in den Jahren 1900 bis 1908 ausgeführten Stärkeausbeute-Versuche an verschiedenen Kartoffelsorten. Parow, E. Z.Spiritusind. 32. 470-71, 483-85 (1909) - W.Ref.2084.

Versuche über Stärkeausbeute bei verschiedenen Kartoffelarten der Ernte 1908. Parow, E. u. Matzdorff, O. Z.Spiritusind. 32. 72-73 (1909) - W.Ref. 2085.

Einige wichtige Gesichtspunkte beim Anbau der Kartoffeln. Holdefleiss, P. Illustr.landwirtsch.Ztg. 29. 171-72 (1909) - Ref. C.A. 3. 1321 (1909), W.Ref. 2078.

Versuche über Stärkeausbeute bei verschiedenen Kartoffelarten der Ernte des Jahres 1907. Parow, E. u. Neumann, F. Z.Spiritusind. 31. 76-79 (1908) - W.Ref.2074.

Bericht über die Anbauversuche der deutschen Kartoffel-Kultur-Station im Jahre 1907. Eckenbrecher, C.v. Z.Spiritusind. 1908. Erg. H. - W.Ref. 2072.

Versuche über die Stärkeausbeute bei verschiedenen Kartoffelarten der Ernte des Jahres 1905. Parow, E. und Neumann, F. Z.Spiritusind. 30. 45-46, 57-58 (1907) - W.Ref. 2070.

Bericht über die Anbauversuche der deutschen Kartoffel-Kultur-Station im Jahre 1906. Eckenbrecher, C.v. Z.Spiritusind. 1907. Erg.-H. - W.Ref. 2067.

Über Kartoffelbau und Kartoffelmehlfabrikation in den holländischen Veenskolonien. Benary, F. Z.Spiritusind. 29. 69, 71 (1906).

Kartoffelanbauversuche. (Auszug). Eckenbrecher, C.v. Wagner's Jber. chem.Technol. 52. Abt.2. 222 (1906) - W.Ref. 2065.

Fünfjährige Versuche über die Stärkeausbeute bei verschiedenen Kartoffelarten. Parow, E. Z.Spiritusind. 28. 65-68 (1905) - Ref. C. 1905. I. 1195, W.Ref. 2064.

Anbauversuche der deutschen Kartoffelkultur-Station. Eckenbrecher, C.v. Z.Spiritusind. 1905. Erg.-H. - Ref. W.Ref. 2062.

Bericht über die Anbauversuche der deutschen Kartoffel-Kultur-Station im Jahre 1903. Eckenbrecher, C.v. Z.Spiritusind. 1904. Erg.-H.

Die Sumpfkartoffel (Solanum Commersonii Dunal). Heinzelmann, G. Z.Spiritusind. 27. 136 (1904).

Kartoffelanbau. (Auszug). Eckenbrecher, C.v. und Kittlausz Wagner's Jber.chem.Technol. 48. Abt.2. 292 (1902) - W.Ref. 2056.

Verschiedenes über Kartoffelsorten. Paulsen, W. Z.Spiritusind. 20. 55-56 (1897) - W.Ref. 2051.

Ausbeute der Stärkefabriken aus den diesjährigen Kartoffeln. Z. Spiritusind. 19. 385 (1896) - Ref. W.Ref. 2050.

Kartoffelanbauversuche. (Auszug). Eckenbrecher, C.v. Wagner's Jber.chem.Technol. 39. 777 (1893) - W.Ref. 2043.

Neue Kartoffelsorten und deren Erträge 1890. Paulsen, W. Z.Spiritusind. 14. 45 (1891) - W.Ref. 2040.

Kartoffelanbauversuche. (Auszug). Wagner's Jber.chem.Technol. 36. 802 (1890) - W.Ref. 2037.

Untersuchungen über den Anbau der Industriekartoffel. Die fortschreitende Entwicklung der Pflanze. Girard, A. C.R.hebd.Séances Acad.Sci. 108. 602-04 (1889) - W.Ref. 2036.

Untersuchungen über den Anbau der Industriekartoffel. Girard, A. C.R.hebd.Séances Acad.Sci. 108. 412-15 (1889) - W.Ref. 2035.

Vergleichender Versuchsanbau von Kartoffeln 1887. Vibrans, Z.Spiritusind. 11. 80 (1888) - W.Ref. 2034.

Die "wilde Kartoffel" von Paraguay. Nobbe, F. Landwirtsch.Versuchsstat. 33. 447-54 (1887) - W.Ref. 2033.

Ist es zweckmäßig, Kartoffeln mit hohem Stärkegehalt, wenn auch niedrigem Ertrag pro Morgen, oder Kartoffeln mit niedrigem Stärkegehalt, aber hohem Ertrag pro Morgen zu bauen? Märcker, M. Z.Spiritusind. 9. 204-05 (1886) - W.Ref. 2030.

Bericht über vergleichende Anbau-Versuche mit verschiedenen Kartoffel-Sorten im Jahre 1884. Heine, F. Z.Spiritusind. 8. 194-98; 273-77 (1885) - W.Ref. 2027.

Was kann der kartoffelbautreibende Landwirth dazu thun, um möglichst stärkemehlreiche Kartoffeln zu produciren? Märcker, M. Z.Spiritusind. 6. 203-04; 268-70; 391-93 (1883) - W.Ref. 2020.

Vergleichende Anbau-Versuche mit 89 verschiedenen Kartoffelsorten im Jahre 1882. Heine, F. Z.Spiritusind. 6. 181-93; 255-62 (1883) - W.Ref. 2019.

Kartoffelkultur und Erträge. Biedermann's Zbl. Agrikulturchem. ration.Landwirtschaftsbetrieb 12. 828-39 (1883) - W.Ref. 2016.

Vergleichende Kartoffel-Anbau-Versuche. Nitykowski Z.Spiritusind. 6. 129-34 (1883) - W.Ref. 2022.

1112. Einfluß von Düngemitteln

Einfluß der Düngung auf die Ernteerträge von Kartoffelsorten während der Vegetationsperiode. Balaschew, L.L. Agrochemie (russ.) 1965. Nr. 3. 76-82. - Ref. C. 1966. 10-3047.

Wirkung der Düngemittel auf die Güte der Kartoffeln. Alow, A.Ss. Nachr.Landwirtsch.-Wiss. (UdSSR) (russ.) 9. Nr.3. 14-17 (1964). - Ref. C. 1965. 30-2316.

Kalidüngung der Kartoffeln auf schweren Böden. Burghausen, R. Dtsch.Landwirtsch. 15. 122-24 (1964) - Ref. C. 1964. 44-1856.

Einfluß von Bor als ein Spurenelement-Düngemittel auf den Kohlenhydrat-Komplex in Kartoffeln. Busower, F.Ja. Wiss.Arb.Charkower Landwirtsch.-Inst. (russ.) 42. 46-51 (1963) - Ref. C.A. 62. 16909f (1965).

Einfluß bestimmter Herbicide auf den Ertrag und den Stärkegehalt von Kartoffeln. Maschtakow, S.M. und Slishow, W.I. Bot.Unters. (Minsk:Akad.Wiss. Weißruss. SSR) Sammlungen(russ.) 1963. Nr.5. 63-70. - Ref. C.A. 62. 11083c (1965).

Qualitätsänderung der Kartoffelknollen in Abhängigkeit von den Eigenschaften des Bodens und der Düngemittel. Wendilo, G.G. Wiss. Hochschulber. (Moskau) (russ.) biol.Wiss. 1962. Nr.4. 147-51. - Ref. C. 1965. 37-2388.

Fermentative Umwandlungen der Stärke und der Saccharose bei der Kartoffel im Zusammenhang mit den Bedingungen der Phosphorernährung. Anissimow, A.A., Fusina, Je.K. und Lichowidowa, Je.W. Kohlenhydrate und Kohlenhydratstoffwechsel, (russ.) Verlag Akad.Wiss. UdSSR, Moskau 1962. 235-40. - Ref. Stärke 17. 63 (1965).

Der Einfluß verschiedener Formen der Mineraldünger auf den Gehalt an Stärke und Ascorbinsäure in den Kartoffelknollen. Dmitrenko, P.O. und Golowaschtschuk, Sh.T. Ukrain.biochem.J. (russ.) 34. 863-70 (1962) - Ref. C. 1963. 17369.

Grundsätzliches zur Kartoffeldüngung. Scheffer, F. und Welte, E. Kartoffelbau 13. 1-4 (1962) - Ref. Stärke 14. 390 (1962).

Anwendung von Spurenelementen zur Verbesserung der Kartoffelqualität. Vonsavicience, V. Lietuvos TSR Aukstuju Mokyklu Mokslo Darbai, Biologija (Litauen) 1. 63-70 (1961) - Ref. C.A. 62. 7062e (1965).

Einfluß von molybdänhaltigem Düngemittel auf den Ertrag und die Qualität von Kartoffeln. Vonsavicience, V. Lietuvos TSR Aukstuju Mokyklu Mokslo Darbai, Biologija (Litauen) 1. 57-61 (1961) - Ref. C.A. 62. 7062e (1965).

Phosphatdüngung im Kartoffelbau. Gericke, S. Kartoffelbau 11. 11-12 (1960) - Ref. Stärke 13. 153 (1961).

Einfluß von künstlicher Bewässerung auf die Aufnahme von Phosphor aus Superphosphat durch Kartoffeln. Simpson, K. J.Sci.Food Agric. 11. 71-79 (1960).

Ein internationaler Dauerdüngungsversuch. Gierke, K.v. Landbau-Forsch. Völkenrode 10. 35-38 (1960).

Einige Gesichtspunkte über die Kaliumernährung der Kartoffel. Harrap, F.E.G. J.Sci.Food Agric. 11. 293-98 (1960).

Empfehlungen zur sachgemäßen Düngung von Stärkekartoffeln. Welte, E. Kartoffelbau 11. Nr.6. Stärkekartoffel 5. Nr.3. 3-4 (1960) - Ref. Stärke 13. 189 (1961).

Spurenelemente und Kartoffelerträge. Möller, W. Kartoffelbau 11. Nr.4. 75-76 (1960) - Ref. Stärke 13. 153 (1961).

Zum Stärkekartoffelbau nach dem Dürrejahr 1959. Versuchsergebnisse mit Stallmist und Mineraldüngung in Schleswig-Holstein. Soll, H.H. Kartoffelbau 11. Nr.3. Stärkekartoffel 5. Nr.2. 2-3 (1960).

Einfluß verschiedener Düngerkombinationen auf Arbeitsvereinfachung, Ertrag und Qualitätsmerkmale im Kartoffelbau. Arenz, B., Grassmann, A. und Kießling, L. Kartoffelbau 11. 9-10 (1960).

Einfluß der Düngung auf den Stärkegehalt von Kartoffeln. Mischinkina, W.W. Ber.Akad.Wiss. Aserbaidshan-SSR (russ.) 15. 1049-52 (1959) - Ref. C. 1961. 14799.

Der Einfluß von Kalk auf den Stärkegehalt und die Größe der Stärkekörner in den Kartoffelknollen. Šmalik, M. und Kubik, S. Sborník československ.Akad.Zemědělských Věd, Rostlinná výroba 1959. 1437-59. - Ref. C. 1960. 7302.

Kopfdüngung der Kartoffel mit Ammoniakwasser. Pawlowski, I.W. und Pesskow, K.N. Kartoffel (russ.) 4. Nr.3. 37-39 (1959).

Beitrag zur Frage des Einflusses von Formen der Kali- und Stickstoffdüngemittel auf Kartoffelertrag und -qualität. Vaňha, B. Sborník Českoslov.Akad.zemědělských Věd, rostlinná Výroba 5. 79-88 (1959).

Der Einfluß von Ammophos und eines Gemisches von wirtschaftseigenen Düngemitteln auf den Ertrag der Kartoffel. Kalinkewitsch, A.F. Düng.u.Ernte (russ.) 4. Nr.3. 42-46 (1959).

Kopf-Kalkung lohnt sich. Dunker, R. Kartoffelbau 10. Stärkekartoffel 4. Nr.3. 4 (1959) - Ref. Stärke 12. 223 (1960).

Das Einbringen von organisch-mineralischen Düngern in das Pflanzloch und die Bildung der Kartoffelknollen. Ussolzew, N.W. Agrobiologie (russ.) 1959. 446-48 - Ref. Stärke 13. 424 (1961).

Die Qualität von Speisekartoffeln. 2.Mitt. Literaturübersicht betreffs Stickstoffdüngung. Svensson, B. Kungl.Lantbrukshögskolan Statens Lantbruksförsök, Statens Jordbruksförsök, Medd. 1959. Nr. 101. 1-22.

Einfluß der Stickstofform und -menge auf den Ernteertrag und die biochemische Zusammensetzung der Kartoffel. Wersilin, N.N. Nachr.Leningrader Univ.(russ.) 14. Nr.21 (Ser.Biol.) Nr.4. 14-27 (1959).

Kalium im Pflanzenstoffwechsel. II. Mitt. Einfluß von Kalium auf die Kohlenhydrat- und Mineral-Zusammensetzung von Kartoffelpflanzen. Ward, G.M. Canad.J.Plant Sci. 39. 246-52 (1959) - Ref. C.A. 53. 20658g (1959).

Verbesserung der Ernährung der Pflanzen durch Anwendung verschiedener Kalidüngemittel. Wlassjuk, P.A. und Lissowal, P.S. Agrobiologie (russ.) 1959. Nr.1. 9-22. - Ref. Stärke 13. 424 (1961).

Wege zur Verbesserung der Qualität landwirtschaftlicher Erzeugnisse unter dem Gesichtspunkt der Pflanzenernährung. Kolařík, I. Phosphorsäure 19. 69-75 (1959) - Ref. Stärke 13. 27 (1961).

Zur Düngung von Stärkekartoffeln. Seischab, F. Kartoffelbau Stärkekartoffel 4. Nr.1. 2 (1959) - Ref. Stärke 12. 123 (1960).

Bedeutung der Phosphatdüngung im Kartoffelbau. Bergemann, H.-D. Kartoffelbau 10. 9-10 (1959) - Ref. Stärke 12. 123 (1960).

Zur Magnesium-Düngung im Kartoffelbau.Werner, W. Kartoffelbau 10. Nr.3. Stärkekartoffel 4. Nr.2. 2 (1959) - Ref. Stärke 12. 123 (1960).

Hohe Stärkeerträge durch richtige Düngung. Soll, H-H. Kartoffelbau 10. Nr.1. Stärkekartoffel 4. Nr.1. 1 (1959).

Die Wirkung einer Magnesiumdüngung zu Kartoffeln in Abhängigkeit von Bodenreaktion und Stickstoff-Form. Werner, W. Kartoffelbau 10. 13-14 (1959) - Ref. Stärke 12. 123 (1960).

Die Bedeutung der Nährstoffe Phosphorsäure und Kali für die Wirkung der Stickstoffdüngung im Kartoffelbau. Kürten, P.W. und Burghardt, H. Phosphorsäure 19. 1-15 (1959).

Phosphatdüngung und Stärkegehalt der Kartoffel. Gericke, S. Phosphorsäure 19. 27-31 (1959) - Ref. C.A. 53. 15441d (1959), Stärke 12. 94 (1960).

Düngungsversuche bei Kartoffeln in Manjimup. Wachtel, T. J.Agric. Western Australia (3) 7. 563-68 (1958).

Wirkungen der Düngemittelanwendung auf die Erträge an marktfähigen Kartoffeln. Wear, J.I. und Johnson, W.A. Better Crops with Plant Food 42. Nr.7. 28-31 (1958).

Düngung von Kartoffelfeldern mit Zementstaub. Lityński, T., Mazur, K. und Siekański, A. Zesz.Nauk.Wyższej Szkoły Rolniczej, Kraków, Rolnictwo Nr. 5. 85-95 (1958) - Ref. C.A. 53. 8505g (1959).

Zementstaub und dessen Wert für die Landwirtschaft. Lityński, T. Zesz.Nauk.Wyższej Szkoły Rolniczej, Kraków, Rolnictwo Nr. 4. 3-27 (1958) - Ref. C.A. 53. 8500a (1959).

Die Stickstoffdüngung der Kartoffeln. Sawyer, R.L. und Dallyn, S.L. Amer.Potato J. 35. 645-50 (1958) - Ref. C. 1960. 3351.

Der Einfluß der Bewässerung mit Wasser und mit Abwasser auf den Ertrag und die Qualität von Kartoffeln. Martschenko, W.A. Ber. Allunions landwirtsch.Lenin-Akad. (russ.) 23. Nr.12. 40-43 (1958)

Einfluß variierender Mengen von Stickstoff, Phosphor, Kalium und Dünger auf den Ertrag und Stärkegehalt von Kartoffeln. Black, W.N. und Cairns, R.R. Canad.J.Soil Sci. 38. 1-7 (1958) - Ref. C. 1959. 4605, C.A. 53. 10630e (1959).

Das Nährstoffverhältnis im Kartoffelbau, insbesondere bei Stärkekartoffeln. Hofmann, E. und Amberger, A. Kartoffelbau 9. 6-8 (1958).

Zur Mineraldüngergabe und ihrer Anwendung. Modrow, H.J. Kartoffelbau 9. Nr.1. Stärkekartoffel 3. Nr.1. 1-2 (1958).

Einfluß erhöhter Stickstoffgaben auf Ertrag und Stärkegehalt. Vogel, L.R. Kartoffelbau 9. Nr.1. Stärkekartoffel 3. Nr.1. 2-3 (1958).

Gute Stärkeerträge durch richtige Düngung. Soll, H.H. Kartoffelbau 9. Nr.1. Stärkekartoffel 3. Nr.1. 2-4 (1958) - Ref. Stärke 12. 123 (1960).

Vergleichende Untersuchungen über die Düngewirkung von Stickstoff und Magnesium als Stickstoffmagnesia und in anderer Form. Pfeil, E. und Loeschcke, V. Z.Pflanzenernähr.,Düng.,Bodenkunde 76. 110-19 (1957) - Ref. C.A. 51. 15856e (1957).

Zusätzliche Düngung von Kartoffeln. Birecki, M. und Kaczorek, S. Roczniki Nauk rolniczych, Ser.A. 74. 501-40 (1957) - Ref. C. 1960. 7977.

Der Einfluß verschiedener Kalisalze auf die Anhäufung der Kohlenhydrate in der Kartoffel. Lempitzkaja, W.K. Ukrain.wiss.Forsch.-Inst.Pflanzen-physiol.,Bull.Pflanzenphysiol. (russ.) 1957. Nr.1. 24-28.

Einfluß der mineralischen und organischen Düngung auf den Ertrag und die Qualität von Kartoffeln. Babadshanjan, I.K. Nachr. Akad.Wiss.Armen.SSR, biol.landwirtsch.Wiss. (russ.) 10. Nr.3. 57-63 (1957) - Ref. C. 1957. 10857.

Düngemittelversuche bei Kartoffeln. Ingebrigtsen, S. Forskn.Forsøk Landbruket 8. 139-82 (1957) - Ref. C.A. 53. 12562b (1959).

Einfluß von künstlichen Düngemitteln und Stalldünger auf die Erträge und die Qualität von Kartoffeln auf dem Schwemmland des Vardar Flusses. Jekič, M. und Ančev, T. Godishen Zbornik Zemjodelsko-Shumarskiot Fakultet na Univerzitetot, Skopje, Zemjodelstvo (Annu.Fac.d'Agric.Sylvicult.Univ.Skopje, Agric.) 8/9. 127-45 (1956) - Ref. C.A. 53. 12562d (1959).

Wirkung der mineralischen Ernährung der Kartoffelpflanzen auf die Biochemie und Physiologie der Knollen. Mulder, E.G. Netherl.J. agric.Sci. 4. 333-56 (1956) - Ref. C. 1962. 9395.

Einfluß von Größe und Zahl der Gaben an Hauptnährstoffen auf Ertrag und Zusammensetzung von Kartoffeln und die Wiedergewinnung der Hauptnährstoffe bei der Ernte. Ware, M.L. und Johnson, W.A. Proc.Amer.Soc.horticult Sci. 65. 317-23 (1955) - Ref. C. 1958. 14153.

Einfluß der Spurenelemente bei Wurzel- und Blattdüngung auf die Erhöhung der Widerstandsfähigkeit gegen Krankheiten und den Ernteertrag der Kartoffel. Doroskin, N.A. und Kusstowa, A.I. Nachr. Akad.Wiss.Beloruss.SSR (russ.) 1955. Nr.4. 47-56. - Ref. C. 1956. 7641.

Über die Beeinflussung des Stärkeertrages der Kartoffel durch einige pflanzenbauliche Maßnahmen unter Schleswig-Holsteinischen Verhältnissen. Matthaei, J. Dissertation Kiel 1955.

Stickstoffdüngung und Stärkeertrag. Rauter, R. Kartoffelbau 6. 48-49 (1955).

Reaktion verschiedener Kartoffelarten auf Düngung. Gutin, N.G. Pitanie Rastenii,Sbornik (russ.) 1955. 21-30. - Ref. C.A. 53. 11739c (1959).

Verbesserung der Ernährung von Pflanzen durch manganhaltige Düngemittel. Wlassjuk, P.A. Spurenelemente Landwirtsch.Med.Akad.Wiss. Lettischen SSR., Abtlg.biol.Wiss.,Arb.Allunions Konferenz (russ.) 1955. 111-24. - Ref. C.A. 53. 9539e (1959).

Einwirkung mineralischer Düngung auf den Gehalt von stickstoffhaltigen Substanzen und Stärke in Kartoffeln. Lukownikowa, G.A. Biochemie, Obst u. Gemüse, Akad.Wiss.UdSSR, Inst.Biochem.(russ.) 3. 277-91 (1955) - Ref. C.A. 50. 2908e (1956).

Einfluß von Kalium und Phosphat-Kali auf Ertrag und Qualität von auf organischem Boden gewachsenen Kartoffeln. Lucas, R.E., Wheeler, E.J. und Lohmeyer, V.K. Amer.Potato J. 31. 349-53 (1954) - Ref. C.A. 49. 4216i (1955).

Kalidüngemittel bei Kartoffeln. Stefanischin, Ss.Je. Ackerbau (russ.) 2. Nr.8. 111 (1954) - Ref. C. 1955. 5631.

Erhöhung des Phosphorgehaltes und der Viskosität von Kartoffelstärke durch landwirtschaftliche Maßnahmen. Willigen, A.H.A.de Vestnik Slovenskega Kemijskega Drustva 1. 131-33 (1954) - Ref. C.A. 50. 5316e (1956).

Natrium als Pflanzennährstoff. Lehr, J.J. J.Sci.Food Agric. 4. 460-71 (1953) - Ref. C. 1954. 5095.

Über die Wirkung von Kupferkalkspritzungen auf Ertrag und Stärkegehalt der Kartoffeln. Gassner, G. und Grimm, H. Angew.Bot. 26. 60-68 (1952) - Ref. C. 1953. 4268.

Erhöhung des Kartoffelertrages durch späte Nachdüngung. Paauw, F. van der Landbouwkund.Tijdschr. 63. 234-42 (1951) - Ref. C. 1951. II. 3507.

Der Einfluß von Bor auf die Ansammlung von Kohlenhydraten und die fermentative Tätigkeit bei der Kartoffel. Busower, F.Ja. Ber. Akad.Wiss.UdSSR (N.S.) (russ.) 78. 1239-42 (1951) - Ref. C. 1952. 75.

Herstellung von Düngemitteln. Wintershall A.-G. E.P. 703 440 vom 29/5. 1951.

Einwirkung von Pottasche in Kunstdünger auf die Ergiebigkeit und den Stärkegehalt von Kartoffeln. Terman, G.L. Amer.Potato J. 26. 291-99 (1949) - Ref. C.A. 46. 5771e (1952).

Einfluß der Düngung auf die Gütemerkmale der Kartoffeln. Maiwald, K. Mitt.Landwirtsch. H. 6/7. (1943).

Einfluß von Düngemitteln auf den prozentualen Stärkegehalt von Kartoffeln und die Gesamtausbeute von Stärke. Drew, J.P. und Deasy, D. J.Dep.Agric. (Dublin) 39. 35-45 (1942).

Einfluß der Düngung auf die Qualität von Kartoffeln und Rüben. Maiwald, K. Forschung für Volk u. Nahrungsfreiheit 2. Auflage Berlin 1942.

Einfluß der Düngung auf die Qualität von Kartoffeln und Rüben. Maiwald, K. Forschungsdienst Sonderh. 16. 152-62. (1942) - Ref. C. 1942. I. 2725.

Untersuchungen über die Schwankungen des Stickstoff- und Argeningehalts der Kartoffel während einer Vegetationsperiode in Düngungsversuchen. Alten, F. und Orth, H. Bodenkunde u. Pflanzenernähr. 23. (68) 313 (1941) - Ref. C. 1941. II. 1436.

Der Einfluß von Düngung und Berieselung auf den Stärkegehalt und die Amylasewirksamkeit von Kartoffeln bei der Ernte und auf dem Lager. Riethus, H. Vorratspflege u. Lebensmittelforsch. 4. 540-46. (1941) - Ref. C. 1942. II. 471.

Zur Kenntnis der Wirkung der Düngung mit Kalisalzen auf die Stärkegehalte der Kartoffeln. Nemec, Antonin Bodenkunde u. Pflanzenernähr. 20. (65) 84-106. (1940) - Ref. C. 1941. I. 103.

Über die Erhöhung des Stärkegehaltes der Kartoffel unter dem Einfluß von Gründüngung. Turlapowa, A.P. Chemisat.socialist Agric. (russ.) 8. Nr.9. 28-30. (1939) - Ref. C. 1940. II. 1199.

Über den Einfluß von Gründüngung auf die Erhöhung des Stärkegehaltes der Kartoffel. Turlapowa, A. Branntwein-Ind. (russ.) 16. Nr.6. 15-16 (1939) - Ref. C. 1940. I. 2844.

Wie kann man viele und stärkereiche Kartoffeln erzeugen? Kuhnert Superphosphat (Berlin) 14. 25-30 (1938) - Ref. C.1938. I. 4223.

Der Einfluß der Düngung auf die Stärke der Fabrikkartoffeln. Itallie, Th.B. van Congr.int.techn.chim.Ind.agric. V.Congr. Schevenigue. C.R. 5. II. 263-267. (1937) - Ref. C. 1938. I. 1644.

Die Wirkung einer physiologisch sauren bzw. alkalischen Düngung auf Ertrag, Schorfbefall und Eisenfleckigkeit von drei genetisch und ökologisch verschieden eingestellten Kartoffelsorten. Berkner, F. Z.Pflanzenernähr.Düng.Bodenkunde 45. 205 (1936).

Einfluß von Magnesiumsulfat auf den Ertrag von Irischen Kartoffeln. Cooper, H.P., Moore, W.D. und Wallace, R.W. South Carolina agric. Exper.Stat. 47. Ann.Rep. 141-142 (1939) - Ref. Chem.Abstr. 30. 1930 (1936).

Einfluß der Kalidüngung auf den Stärkegehalt der Kartoffeln. Wöhlbier, W. und Meifert, K. Biedermann's Zbl.Agrikulturchem.ration. Landwirtschaftsbetrieb Abt. A.b. 65. 321-33. (1936) - Ref. C. 1936. II. 161.

Eine Bemerkung über die Einwirkung der Stallmistdüngung auf den Stärkegehalt der Kartoffelknollen. Nemec, A. Z.Pflanzenernährg. Düng.Bodenkunde 38. 239-41. (1935) - Ref. C. 1935. II. 1079.

Der Einfluß einer Kaliüberdüngung auf den Ertrag und auf den Stärkegehalt der Kartoffel und ihre weiteren Auswirkungen auf das Pflanzgut. Kuhnke, A. Ernähr. d. Pflanze 31. 233-34. (1935) - Ref. C. 1936.I. 150.

Der Einfluß zurückliegender Kalidüngungen auf das Trachtenbild (Abbauerscheinungen) sowie die Nährstoffaufnahme und die späteren Erträge der Kartoffelpflanze. Berkner, F. Landwirtsch. Jb. 81. 393 (1935).

Ist es möglich, durch Kaligaben, die in verschiedener Form und zu verschiedenen Zeiten gegeben werden, den Verlauf der Nährstoffaufnahme bei frühen, mittelfrühen und späten Kartoffelsorten zu beeinflussen? Berkner, F. Landwirtsch.Jb. 81. 71 (1935).

Die Wirkung der Behandlung des Bodens mit Schwefel, Kalk sowie Quecksilberverbindungen auf den Kartoffelertrag. Eddins, A.G. Amer. Potato J. 11. 295 (1934).

Der Einfluß von nach Menge und Form gestaffelten Kaligaben auf Menge und Güte des Ertrages einer stärkereichen Kartoffelsorte, auf die chemische Zusammensetzung der Knollen, ihren Speise- und Pflanzengutwert. Ein Beitrag zum Anbauproblem der Kartoffel. I. Mitt. Berkner, F. und Schlimm, W. Landwirtsch.Jb. 76. 783-808 (1934) - Ref. C. 1934. I. 3512.

Die Düngung der Kartoffel mit besonderer Berücksichtigung der Stärkeerzeugung. Oskierski. Superphosphat (Berlin) 10. 40-41. (1934) - Ref. C. 1934. II. 498.

Über die Wirkung der Düngung mit Stallmist und mit Kalidüngemitteln auf die Erträge und den Stärkegehalt der Kartoffelknollen mit Rücksicht auf den Chlorgehalt des Bodens. Němec, A. Věstnik ceskoslov.Akad.Zemědělské 10. 571-76. (1934) - Ref. C. 1935. I. 1291.

Einfluß der Zeit und der Art der Einführung des Sylvinits auf die Ernte und den Stärkegehalt der Kartoffel. Prokoschew, W.N. Chemisat.socialist.Agric.(russ.) 1934. Nr.4/5. 54-57. - Ref. C. 1935. I. 462.

Der Einfluß von Kali auf die Stärkebildung in Kartoffeln. Houghland, G.V.C. und Schricker, J.A. J.Amer.Soc.Agron. 25. 334-40. (1933) - Ref. C. 1934. II. 3665.

Versuche über die Wirkung steigender phosphorsäuregaben in Form von Superphosphat auf den Ertrag und Stärkegehalt von Kartoffeln. Engels, O. Superphosphate 9. 2-10. (1933) - Ref. C. 1933. I. 4018.

Beziehungen zwischen der Düngung und der chemischen Zusammensetzung der Kartoffelknollen. Wiegert, J. und Stiehr Prakt.Bl.Pflanzenbau u. Pflanzenschutz 1932/33. 277.

Die Ursachen der durch verschiedene Kalidünger bewirkten Verringerung des Ertrages und Stärkegehaltes der Kartoffeln. II. Die Ergebnisse der chemischen Untersuchungen. Tomzig, Goy, Pernice und Rudolph Z. Pflanzenernähr. Düng. Bodenkunde Abt. B. 10. 457-96 (1931) - Ref. C. 1932. I. 1143.

Die Ursache der durch verschiedene Kalidünger bewirkten Verringerungen des Knollen- und Stärkeertrages bei Kartoffeln. Tomzig, Goy, Pernice und Rudolph Pflanzenernähr.Düng.Bodenkunde Abt.B. 10. 370-95 (1931) - Ref. C. 1931. II. 2499.

Der Einfluß abnormal großer Mineraldüngungen auf das spezifische Gewicht der Kartoffelknollen. Botjes, J.O. Landbouwkund. Tijdschr. 43. 193 (1931).

Versuche über den Einfluß verschiedener Kalidüngearten auf den Ertrag und Stärkegehalt der Kartoffeln 1929. Engels, O. Ernähr. d. Pflanze 26. 409-11 (1930) - Ref. C. 1930. II. 3625.

Niederlausitzer Versuche über die Kaliwirkung bei Kartoffeln. Ebert Ernähr.d.Pflanze 26. 80-83 (1930) - Ref. C. 1930. I. 2147.

Über den Einfluß verschiedener Kalisalze auf die Zusammensetzung der Stärke in der Kartoffel nach Korngrößen. Bredemann, G. und Nerling, O. Ernähr.d.Pflanze 26. 375-76. (1930) - Ref. C. 1930. II. 2393.

Über den Einfluß der Ernährung auf die Zusammensetzung der Stärke in der Kartoffel nach Korngrößen. Bredemann, G. und Nerling, O. Pflanzenernähr.Düng.Bodenkunde Abt.A. 16. 331-41. (1930) - Ref. C. 1930. II. 2144.

Düngungsfragen im Stärkekartoffelbau. Felber, W. Z.Spiritusind. 52. 297. (1929) - Ref. C. 1929. II. 2596.

Nochmals: "Ein neuer Weg zur Erhöhung des Stärkegehaltes der Kartoffeln". Sommerkamp Z.Spiritusind. 52. 57. (1929) - Ref. C. 1929. II. 808.

Über den Einfluß verschiedener Kalisalze auf Ertrag und Stärkegehalt der Kartoffeln. Nolte, O. und Leonhardt, R. Biedermann's Zbl.Agrikulturchem. ration.Landwirtschaftsbetriebe 57. 68-69 (1928) - Ref. C. 1928. I. 2203.

Versuche über die Einwirkung von Superphosphat auf den Nachbau. Densch und v.Strotha Landwirtsch.Jb. 68. Erg.-Bd.I. 27 (1928) - Ref. C. 1929. I. 130.

Versuche über die Beeinflussung des Nachbaues durch die vorjährigen Kalidüngungen. Densch und v.Strotha Landwirtsch.Jb. 68. Erg.-Bd. I. 26 (1928) - Ref. C. 1929. I. 131.

Vermag eine alljährlich wiederholte Stickstoffdüngung auf das Saatgut selbst und damit auf die Erträge und den Stärkegehalt der nächstjährigen Ernte einzuwirken? Densch und v.Strotha Landwirtsch.Jb. 68. Erg.-Bd.I. 25-26 (1928) - Ref. C. 1929. I. 130.

Einfluß verschieden hoher Gaben von schwefelsaurem Ammoniak auf Ertrag und Stärkegehalt verschiedener Kartoffelsorten. Densch und v.Strotha Landwirtsch.Jb. 68. Erg.-Bd.I. 24-25 (1928) - Ref.C. 1929. I. 130.

Einfluß verschiedener Kalisalze auf 9 Kartoffelsorten. Densch und v. Strotha Landwirtsch.Jb. 68. Erg.-Bd.I. 22-24 (1928) - Ref. C. 1929. I. 131.

Einfluß der zu verschiedenen Zeiten verabfolgten Kaligaben auf Ertrag und Stärkegehalt der Kartoffeln. Densch und v.Strothe Landwirtsch.Jb. 68. Erg.-Bd. I. 24 (1928) - Ref. C. 1929. I. 131.

Ertrag und Pflanzgutwert der Kartoffel unter Berücksichtigung von Stickstoffdüngemitteln auf verschiedene Bodenarten. Ekhard, W. Z.Spiritusind. 50. 307 (1927).

Versuche über den Einfluß zu verschiedenen Zeiten verabfolgter Kalidüngung auf den Stärkegehalt der Kartoffeln. Densch und Groh Landwirtsch.Jb. 66. Erg.-Bd. 1. 183-84 (1927).

Untersuchungen über die Empfindlichkeit verschiedener Kartoffelsorten gegen Kalisalze. Densch und Groh Landwirtsch.Jb. 66. Erg.-Bd. 1. 182-83 (1927).

Versuche über den Einfluß verschiedener Nährstoffe und verschiedener Düngerformen auf Ertrag und Stärkegehalt der Kartoffeln direkt und auf die aus diesem entsprechend behandelten Saatgut erzielten Ernten. Densch und Groh Landwirtsch.Jb. 66. Erg.-Bd. 1. 181-182 (1927).

Die Wirkung von Nitrat auf die Zusammensetzung der Kartoffel. Headden, W.P. Colorado Agr.Exp.Stat.,Bull. 291. 1111 (1924).

Wirkung von Borax in Düngemitteln auf Wachstum und Ertrag der Kartoffeln. Brown, B.E. U.S.Dep.Agric.,Bull. 1922. 998.

Aufnahme von Kupfer durch die Kartoffelpflanzen aus dem Boden. Cook, F.C. J.agric.Res. 22. 281 (1921) - Ref. C. 1925. I. 158.

Ein Kartoffeldüngungsversuch mit verschiedenen stickstoffhaltigen Düngemitteln. Mitscherlich, A. Fühling's landwirtsch.Ztg. 69. 467-69 (1920) - W.Ref. 2141.

Wirkung und Anwendung der neuen Düngemittel. Schneidewind Jb. dtsch.Landwirtsch.-Ges. 34. 305-313 (1919) - W.Ref. 2136.

Ergebnisse von weiteren Stickstoff-(Düngungs-)Versuchen. (Auszug). Schneidewind Landwirtsch.Wschr.Sachsen 20. 153-55, 161-63 (1918) - Ref. C.A. 15. 2522 (1921) - W.Ref. 2147.

Über Kalidüngungsversuche zur Feststellung des Einflusses verschieden starker Kalidüngungen auf den Ernteertrag, den Stärkegehalt und den Eiweißgehalt der Kartoffeln. Eckenbrecher, C.v. und Hoffmann Z.Spiritusind. Ergänzungsh. 1914. 60-66 - Ref. C. 1914. I. 1970.

Welche Erfahrungen sind bisher bei der Düngung von Kartoffeln mit Kalisalzen in Bezug auf Wachstum und Stärkegehalt gemacht worden? Hoffmann, W. Z.Spiritusind. 35. 241-242 (1912) - Ref. C. 1912. II. 1146, W.Ref. 2099.

Die Wirkung von Chloriden auf Wachstum und Stärkegehalt von Kartoffeln. (Auszug). Schulte, J. J.chem.Soc. (London) Teil 2. 68. 61 (1895) - W.Ref. 2046.

Einfluß von "Krugite" auf den Stärkegehalt in Kartoffeln. (Referat) Kette-Jassen, M. J.Soc.chem.Ind. 3. 575 (1884) - W.Ref. 2025.

Anwendung künstlicher Düngemittel für die Kartoffelkultur. Guradze, S. Biedermann's Zbl.Agrikulturchem.ration.Landwirtschaftsbetrieb 12. 377-79 (1883) - W.Ref. 2018.

Ein auffallender Einfluß der Düngung auf die Zusammensetzung der Kartoffeln. Vibrans. Z.Spiritusind. 6. 160-61 (1883) - W.Ref. 2024.

Ein auffallender Einfluß der Düngung auf die Zusammensetzung der Kartoffeln. (Auszug). Märcker, M., Grager und Vibrans. Biedermann's Zbl. Agrikulturchem.ration.Landwirtschaftsbetrieb 12. 365-66 (1883) - W.Ref. 2021.

Über den Einfluß der Düngung auf das Auftreten der Kartoffelkrankheit und den Stärkegehalt der Kartoffeln. Märcker, M. Biedermann's Zbl. Agrikulturchem.ration.Landwirtschaftsbetrieb 9. 501-04 (1880) - W.Ref. 2013.

112. Physiologie der Kartoffel

(Vgl.auch "Stärkebildung in der Kartoffelknolle": 7231 und "Kohlenhydratstoffwechsel in Kartoffeln": 7242)

Einfluß der Reife und Lagerung auf die Verteilung von Phosphor zwischen Stärke und anderen Komponenten der Kartoffelknolle. Samotus, B. und Schwimmer, S. Plant Physiol. 37. 519-22 (1962) - Ref. C.A. 57. 8909b (1962) - Stärke 15. 421 (1963).

Wachstum und Photosynthese von Kartoffeln im fernen Norden. Kardo-Sjsoewa, E.K. und Koptewa, E.G. Phys.Plants,Acad.Sci UdSSR (russ.) 8. 715-25 (1961) - Ref. C.A. 56. 13259d (1962).

Biochemische Charakteristik der gesunden und entarteten Kartoffel. Awakjan, W.A. Nachr.Akad.Wiss.Armen SSR, biol.Wiss.(russ.) 14. Nr. 10. 75-84 (1961) - Ref. C. 1962. 17961.

Der Einfluß von Phosphor auf das Wachstum und die Physiologie der Kartoffelpflanze. Houghland, G.V. Amer.Potato J. 37. 127-38 (1960).

Das durch Polyploide ausgelöste Variieren der Eigenschaften und Merkmale der Kartoffel. Lebedewa, N.A. Züchter 29. 107-17 (1959)

Über einige physiologische Besonderheiten ruhender Kartoffelknollen. Jablonski, E.A. Physiol.Pflanzen(russ.) 6. 429-37 (1959).

Beitrag zur Stoffwechsel- und Entwicklungsphysiologie der Kartoffel. Fischnich, O. Landbau-Forsch.Völkenrode 9. 68-74 (1959).

Die Stärke der Knolle und der Schösslinge der keimenden Kartoffel. Banks, W. und Greenwood, C.T. Biochem.J. 73. 237-41 (1959) - Ref. C.A. 53. 22259g (1959), C. 1960. 7214, Stärke 12. 192 (1960).

Kartoffelrost: Das Ergebnis einer Störung im Phosphorstoffwechsel. Reifman, W.G. Nachr.Sibir.Abt.Akad.Wiss.UdSSR.(russ.) 1959. Nr.3. 105-11 - Ref. C.A. 54. 3603b (1960).

Beitrag zur Stoffwechsel- und Entwicklungsphysiologie der Kartoffel. Fischnich, O. Landbau-Forsch.Völkenrode 9. 68-74 (1959) - Ref. C.A. 55. 24932h (1961).

Untersuchungen über die Veränderungen des Stärke-,Zucker- und Phosphorgehalts in Kartoffelknollen während der Wachstumperiode. Samotus, B. Zeszyty Naukowe Wyzszej Szkoly Rolniczej, Kraków, Rolnictwo 5. 117-49 (1958) - Ref. C.A. 53. 8314c (1959).

Untersuchungen über die Entwicklung von Kartoffelpflanzen. 1.Mitt. Das Verhältnis zwischen den Trockengewichten der Blätter und Knollen. Wittenrood, H.G., Reestman, A.J. und Bodlaender, K.B.A. Inst.biol.scheikund.Onderzoek Landbouwgewassen, Wageningen, Meded. 1957. Nr.13. 95-115.

Dynamik der Aufnahme von Närhstoffen und Speicherung von Stärke durch die Kartoffel. Achromeiko, A.I. Bull.Acad.Sci.URSS,Ser. biol. 1939. 1055-102. - Ref. C. 1940. II. 1666.

Der Einfluß von Äthylen auf die Atmung und den Kohlenhydratstoffwechsel von Kartoffeln. Huelin, F.E. und Barker, J. New Phytologist 38. 85-104. (1939).

Über die Beeinflussung der Stärkekorngröße bei Solanum tuberosum durch ß-Indolylessigsäure. Zika, M. Planta 30. 151-59 (1939) - Ref. C. 1939. II. 4264.

Beobachtung an "durchwachsenen" Kartoffeln. Schmalfuß, K. Angew. Bot. 20. 430 (1938).

Weitere Versuche zur Verkürzung der Ruheperiode der Kartoffelknollen. Denny, F.E. und Miller, L.P. Contr.Boyce Thompson Inst. 7. 157 (1935).

Physikalisch-kolloidchemische Unterscheidungsmöglichkeiten von gesunden und "abgebauten" Kartoffeln. Wiegel, E. Z.Spiritusind. 57. 245.(1934) - Ref. C. 1935. I. 166.

Die Kupferprobe zur Unterscheidung von gesunden und abgebauten Kartoffeln. Bechold, H., Gerlach, W. und Erbe, F. Angew.Chem. 47. 26 (1934).

Die Grundlage der Atmung in der Kartoffel. Barker, J. Dep.sci.ind. Res.,Rep.Food Invest.Board (London) 1933. 67.

Vitalität und Vitalitätsbestimmungen bei Kartoffeln. Appel, O. Kartoffel 13. 20 (1933).

Veränderungen des Zucker- und Stärkegehaltes bei in der Keimungsperiode mit Chemikalien behandelten Kartoffeln. Denny, F.E. Amer.J.Bot. 17. 806-17. (1930) - Ref. C. 1931. I. 2216.

Chemische Veränderungen, die sich in Kartoffelknollen zeigen, durch Behandlungen hervorgerufen, die die Ruheperioden unterbrechen. Denny, F.E. Amer.J.Bot. 16. 326-337 (1929).

Eine chemische und physikalische Studie über die Reife in Kartoffeln. Appleman, C.O. und Miller, E.V. J.agric.Res. 33. 569 (1926).

Atmung verschieden großer Kartoffelknollen. Hoffmann, J. J.Landwirtsch. 64. 289 (1916).

Umsetzungen in Kartoffeln während des Trocknens. 3. Mitt. Watermann, H.J. Chem.Weekbl. 12. 924-27 (1915) - Ref. C. 1915. II. 1208, W.Ref. 2112.

Über Atmung, Fäulnis, Selbsterhitzung und chemische Zusammensetzung der Kartoffeln unter verschiedenen Verhältnissen. Henneberg, W. Z.Spiritusind. Ergänzungsh. 2. 15 (1912).

Vergleichende Atmungsversuche mit verschiedenen Kartoffelsorten. Hoffmann, J.F. und Sokolowski, S. Z.Spiritusind. 33. 391 (1910).

Die Grenzen der Variationen unter den Nachkommen einzelner Pflanzen, geprüft am Proteingehalt bei Gerste und Weizen, am Stärkemehlgehalt bei Kartoffeln und am Zuckergehalt bei Zuckerrüben. Sperling, E. Dissertation Halle 1909.

Über Rauhschaligkeit und Stärkegehalt der Kartoffeln. Bredlow, E. Z.Spiritusind. 29. 83-84 (1906).

Physiologische Charakteristik der aus verschiedenen Knollenabschnitten aufgezogenen Kartoffelpflanzen. Rubin, B.A. und Ssaweljewa, O.N. Nachr.Landwirtschaftswiss. (russ.) 2. Nr.12 83-92 (1957).

Einige Besonderheiten des Umsatzes bei Kartoffelpflanzen mit Mosaikkrankheit. Rubin, B.A., Ssokolowa, W.Je. und Ssaweljewa, O.N. Ber.Akad.Wiss.UdSSR.(russ.) 109. 1180-82 (1956) - Ref. C. 1957. 14031.

Beziehungen zwischen Cl- und SO_4-Ernährung, Assimilitätaktivität, Kohlenhydratstoffwechsel und Qualität bei Kartoffeln. Latzko,E. Z.Pflanzenernähr.Düng.Bodenkunde 68. 49-55 (1955) - Ref. C.A. 49. 63841 (1955).

Die Wirkung der Mineralstoffernährung von Kartoffelpflanzen auf die Atmung der Knollen. Mulder, E.G. Acta bot.neerl. 4. 429-51 (1955) - Ref. C. 1957. 8262.

Besondere Eigenschaften der Aktivität von Apyrase in Kartoffelknollen. Kotelnikowa, A.W. und Ssolomatina, W.W. Ber.Akad.Wiss.SSSR. (russ.) 95. 325-27 (1954) - Ref. C.A. 48. 8335e (1954).

Die Umwandlung der organischen Säuren in den Kartoffelknollen bei Traumaeinwirkung. Prokoschew, Ss.M. und Minina, A.K. Biochemie (russ.) 19. 104-10 (1954) - Ref. C. 1954. 10037.

Zusammenhänge zwischen Austreiben und Atmung bei der Kartoffelknolle. 1.Mitt. Die Hemmung des Austreibens durch Fermentinhibitoren, insbesondere Urethane. Dettweiler, C. Planta 41. 214-39 (1952) - Ref. C. 1956. 4187.

Änderungen in der Stärkequalität während des Wachstums der Kartoffelpflanze. Willigen, A.H.A.de Stärke 3. 293-296 (1951) - Ref. C.A. 46. 3613f (1952).

Besonderheiten in Wechsel und Länge der Vegetationsperiode verschiedener Kartoffelsorten. Ssokolowa, We.Je. und Ssaweljewa, O.N. Ber.Akad.Wiss.UdSSR (N.S.) (russ.) 70. 671-73 (1950) - Ref. C. 1950. II. 185.

Über das Wuchsstoff-Hemmstoffsystem der Haferkoleoptile und der Kartoffelknolle. Funke, H. und Söding, H. Planta 36. 341-70 (1948) - Ref. C. 1948. E. 769.

Über den Einfluß von Heteroauxin auf Stärkeausbeute und Stärkequalität der Kartoffel. Willigen de, A.H.A. Landbouwkund.Tijschr. 55. 373-77 (1943).

Der Einfluß des Überziehens von Saatkartoffeln mit Wachs auf Gewicht, Ertrag und Stärkegehalt. Durham, G.B., Shaw, R.S. und Christopher, E.P. Proc.Amer.Soc.horticult.Sci. 38. 257-59. (1941) - Ref. C. 1941. II. 2150.

Biochemische und anatomische Eigenschaften der Stärke verschiedener Kartoffel-Varietäten und ihre Bedeutung für industrielle Zwecke. Veselovsky, I.A. Amer.Potato J. 17. 330-39 (1940).

Beobachtungen über die anaerobe Atmung der Kartoffelknolle. Boswell, J.G. und Whiting, G.C. Ann.Bot. 4. 257-68 (1940) - Ref. C. 1941. II. 1869.

Beschaffenheit der Stärke in Kartoffeln bei verschiedenen Reifestadien der Knollen. Jager, F.Kh. und Jakovlev, M.S. C.R. (Doklady) Acad.Sci.URSS 23. 491-94. (1939) - Ref. C. 1940. I. 73.

Rauhschaligkeit und Stärkegehalt der Kartoffeln. Krzymowski, R. J.Landwirtsch. 54. 57-64 (1906) - Ref. C. 1906. I. 1043, W.Ref. 2066.

Ein sprechendes Beispiel für die Stärkevererbung bei der Kartoffel. Gross, E. Z.landwirtsch.Vers.-Wes.Österr. 8. 553-59 (1905) - Ref. C. 1905. II. 339, W.Ref. 2063.

Über die Entstehung von Zucker und Stärke in ruhenden Kartoffeln. Bersch, W. Österr.-ung.Z.Zuckerind.u. Landwirtsch. 25. 766-93 (1896) - Ref. C. 1896. II. 1121, W.Ref. 2047.

Beiträge zur Kenntnis des Stoffwechsels keimender Kartoffelknollen. Detmer, W. Ber.dtsch.bot.Ges. 11.. 149 (1893).

Respiration der Kartoffeln. Boehm, J. Bot.Zbl. 50. 200 (1892).

Über den Stärkeverlust keimender Kartoffelknollen. Kramer, E. Biedermann's Zbl. Agrikulturchem.ration.Landwirtschaftsbetrieb. 10. 717 (1881) - W.Ref. 2015.

Zu- und Abnahme des Stärkegehaltes in den Kartoffeln. Dingler's polytechn.J. 185. 482-83 (1867) - W.Ref. 2002.

Über die Zu- und Abnahmen des Stärkegehalts der Kartoffelknolle. Nobbe, F. Landwirtsch.Versuchsstat. 7. 451-63 (1865) - W.Ref. 2001.

113. Stärkegehalt und Umweltbedingungen

(Wachstumsbedingungen, Witterungseinflüsse, Temperatur, chemische Stoffe, ionisierende Strahlen).

Einfluß der vorzeitigen Krautabtötung auf die Qualität des Erntegutes der Kartoffel. Köhler, H. Z.Acker- u.Pflanzenbau 122. 15-53 (1965) - Ref. C. 1966. 23-3123.

Einfluß der ionisierenden Strahlung auf Erträge und Güte der Zuckerrübe und der Kartoffelpflanze. Shunussow, R.Ss. Nachr.Landwirtsch.-Wiss.(russ.) 10. Nr.2. 32-34 (1965) - Ref. C. 1965. 37-3004.

Die Veränderlichkeit von Kartoffeln der ersten vegetativen Reproduktion unter dem Einfluß von γ-Strahlen, schnellen Neutronen und Äthylenimin. Tarassenkow, D.N. Radiobiologie (russ.) 4. 770-74 (1964) - Ref. C.A. 62. 3041a (1965).

Physiologische und biochemische Veränderungen in der Kartoffel bei Behandlung der Knolle mit Gibberellin. Gretschuschnikow, A.I. Kirjuchin, W.P., Sserebrenikow, W.Ss. und Tektonidi, I.P. Pflanzenphysiologie (russ.) 11. 620-29 (1964) - Ref. C. 1966. 1-1384.

Einfluß von Gibberellin auf das Wachstum der Kartoffelpflanzen und auf den Knollenertrag. Nečas, J. Rostlinná Výroba 10. 763-76 (1964) - Ref. C. 1966. 4-2935.

Wirkungen der Bodentemperatur auf Wachstum und Ernährung von Kartoffelpflanzen und Knollenbildung, Zusammensetzung und Peridermstruktur der Knollen. Yamaguchi, M., Timm, H. und Spurr, A.R. Proc.Amer.Soc.hurticult.Sci. 84. 412-23 (1964) - Ref. C. 1965. 33-2340.

Kohlenhydrat-Umwandlungen in Kartoffelknollen. 1.Mitt. Eindringen von Zucker und Phosphorylaseaktivität in die Außenschichten als Folge von Kältebeanspruchung der Kartoffelknolle. Załeski, J. Roczniki pãnstwowego Zakładu Hig. 14. 49-55 (1963) - Ref. C. 1965. 5-2962, Stärke 18. 128 (1966).

Bestimmung des Nichtstärke-Gehaltes der Kartoffelknollen beeinflussende Faktoren. Mica, B. und Zelenka, S. Sbornik českoslov.Akad. zemědělských Ved, rostlinná Výroba 9. (36) 143-56 (1963) - Ref. C. 1963. 21747.

Pflanzenschutzmaßnahmen steigern Stärkeertrag. Winkelmann. Kartoffelbau 7. Nr.2. 1 (1962).

Wirkung von Anbaumaßnahmen auf den Stärkeertrag. Rohde, L.W. Kartoffelbau 12. 80-82 (1961).

Ein Wort zur Kampagne 1959/60. Witterungseinflüsse und Düngerwirkung. Koenen, W. Kartoffelbau 11. Nr.1. Stärkekartoffel 5. Nr.1. 3-4 (1960).

Wachstum von Kartoffelpflanzen in kühlem Boden. Barskaja, T.A., Nowitzkaja, Ju.E. und Ssytschewa, S.F. Arb.Karelischen Filiale Akad.Wiss.UdSSR.(russ.) 1960. Nr.28. 70-76 Ref. C.A. 57. 1289a (1962).

Der Einfluß der Temperatur auf den Anteil des Wurzel- und Sprosswachstums der Kartoffel. Isleib, D.R. und Thompson, N.R. Amer. Potato J. 36. 173-78 (1959).

Der Einfluß eines Wuchsstoffes aus Erdöl auf den Ernteertrag von Kartoffeln. Alijew, O.A. Ber.Akad.Wiss.Aserbaidshan SSR (russ.) 15. 331-34 (1959) - Ref. C. 1963. 12564.

Fluktuation der chemischen Konstituenten von Kartoffeln, entsprechend der klimatischen Bedingungen. 1.Mitt. Die Speicherung von Stärke, des Stärkeertrages und die Stärkekorn-Größe. Yumura, H. und Sato, M. J.technol.Soc.Starch (Japan) 6. 109-13 (1959).

Klima und Stärkebildung. Börger, H. Stärkekartoffel 4. Nr.6. 1-2 (1959).

Einfluß von Kultur- und Umweltbedingungen auf die zur Verarbeitung vorgesehenen Kartoffeln. Smith, O. in W.F. Talburt: Potato Processing S.70-109. Avi Publishing Company, Inc. Westport, Conn. 1959.

Der Einfluß von Maleinhydrazid und 2,4,5-Trichlorphenoxyessigsäure auf die Differenzierung der Endtriebe, den Gesamt-Stickstoff- und Stärkegehalt sowie die Ruheperiode der Kartoffelknolle. Chao, T.F.und Wang, H. Acta Biol.exp.sinica 5. 515-24 (1959) - Ref. Stärke 12. 125 (1960).

Der Einfluß von Ultraschall auf Wachstum und Entwicklung der Kartoffel. Bashanowa, N.W. Kartoffel (russ.) 3. Nr.6. 48 (1958).

Wetter und Stärkegehalt. Thran, P. Stärkekartoffel 3. Nr.3. 2-4 (1958).

Durch starke Feuchtigkeit hervorgerufene Veränderungen in Kartoffelknollen. Gigante, R. Boll.Staz.Patol.vegetale 15. 273-84 (1957).

Der Einfluß einiger Bedingungen der Anpflanzung auf die biochemischen Eigenschaften der Knollen von Frühkartoffeln. Wolkow, W.d. Ber.Akad.Wiss.UkrSSR (russ.) 1956. 185-88. - Ref. C. 1958. 5491.

Äußere Einflüsse auf die chemische Zusammensetzung und Qualität der Kartoffeln. (Vorläufige Untersuchungen. Unterschiede bei verschiedenen Sorten und Aufbewahrungsorten.). Yumura, H. und Sato, M. J.technol.Soc.Starch (Japan) 3. 61-65 (1955) - Ref. C.A. 51. 14301f (1957).

Veränderung des Stärkegehalts in mit MH-30 behandelten Kartoffeln. Nakashima, T. und Kinoshita, T. J.Utilizat.agric.Products (Japan) 1. 202-03 (1954) - Ref. C.A. 51. 1519i (1957).

Der Einfluß der Bodentemperatur auf die Entwicklung und den Schorfbefall der Kartoffelknollen. Gäumann, E. und Häflinger, E. Phytopathol.Z. 15. 85-105 (1949) - Ref. C. 1950. II. 66 , C.A. 46. 10308h (1952).

Der Stärkegehalt von Kartoffelknollen in verschieden klimatischen Regionen. Perlowa, R.L. Bull.Botan.Haupt-Garten (russ.) 1954. Nr. 19,47-52. - Ref. C.A. 50. 5852d (1956).

Ansprüche der Kartoffel auf saurem Ödland. Davies, R.O. und Fagan, T.W. Empire J.exp.Agric. 12. 54-60 (1944) - Ref. C. 1944. II. 787.

Versuche mit Pflanzenhormonen in bezug auf die Brennerei- und Stärkeindustrie. Malcher, J. und Zika, M. Z.Spiritusind. 66. Nr. 9/10. 2-4, Nr. 11/12. 2-4 (1943) - Ref. C. 1943. II. 1375.

Die Abhängigkeit des Stärkeprozents der Kartoffel von den Wachstumbedingungen und Anbaumaßnahmen. Kirste, A. Landwirtsch.Jb. 93. 289-305. (1943) - Ref. C. 1944. II. 355.

Besteht ein Zusammenhang zwischen der Höhe der Niederschläge und der Senkung des Stärkegehaltes von Kartoffeln durch Chloride? Jacob, A. Forschungsdienst 12. 577-85. (1941) - Ref. C. 1942. II. 229.

Stärkegehalt und Stärkeertrag. Pallas, H. Z.Spiritusind. 64. 66, 71-72. (1941) - Ref. C. 1941. II. 126.

Der Einfluß der Bodenstimmung auf Ertrag und Güte der Kartoffeln. Berkner, F. Pflanzenbau 17. 65 (1940).

Einfluß von Bodenarten auf den Stärkegehalt von Kartoffeln. Aamisepp, J. Agronoomia (Tartu, Esthonia) 16. 157-70 (1936).

Der Einfluß der Tiefe des Ackerbodens, in der die Kartoffelknolle gewachsen ist, auf ihren Stärkegehalt unter Vergleichung der angewendeten Untersuchungsmethoden. Seipoldy, L. Dissertation Königsberg 1908.

Über den Einfluß der Temperatur auf das Wachsthum der Kartoffeln. Hannay, J. Dingler's polytechn.J. 223. 548-49 (1877) - W.Ref. 2011.

114. Aufbau und allgemeine Zusammensetzung der Kartoffel

(Verschiedene Kartoffelsorten, Unterschiede einzelner Teile der Kartoffel, Inhaltsstoffe, chemische Zusammensetzung).

Der Zusammenhang zwischen Aschegehalt und spezifischem Gewicht sowie den Gesamt-Feststoffen von Kartoffeln. Le Tourneau, D. Food Technol. 17. Nr. 8. 115-17 (1963) - Ref. C. 1965. 7/8-2921.

Chemische Zusammensetzung einiger Kartoffelsorten. Choudhuri, R.N.R. Joseph, A.A., Joseph, K., Rao, M.N., Swaminathan, M., Sreenivasan, A. und Subrahmanyan, V. Food Sci. (Mysore,India) 12. 249-50 (1963) - Ref. C. 1964. 32-2577.

Betrachtungen zur Chemie der Kohlenhydrate der Kartoffelknolle. Breyhan, T. Stärke 15. 139-41 (1963) - Ref. C. 1964. 8-2681.

Vorläufige Untersuchungen der chemischen Zusammensetzung einiger Kartoffelsorten, die in Polen angebaut werden. Klosińska-Rycerska, B. und Somorowska, K. Roczniki Nauk rolniczych, Ser. A 86. 451-61 (1962) - Ref. C. 1964. 9-2597.

Die chemische Zusammensetzung von in Martuni und Stepanawan Gegenden gewachsener Kartoffelknollen. Demurjan, G.S. Nachr.Akad. Wiss.Armenischen SSR.,biol.Wiss.(russ.) 14. Nr.10. 85-90 (1961). - Ref. C.A. 56. 14629d (1962), C. 1962. 17961.

Veränderung der chemischen Zusammensetzung der Kartoffel als ein Ergebnis von Polyploidie. Lukownikowa, G.A. Biochemie Früchte u. Gemüse, Akad.Wiss.UdSSR, Bach-Inst.Biochem.(russ.) 1961. Nr.6 146-52. - Ref. C.A. 55. 24937h (1961).

Einige Faktoren, die die Speise-Qualität von im Süden und Norden gewachsenen irischen Kartoffeln beeinflussen. 1.Mitt. Chemische Zusammensetzung. Barrios, E.P., Newson, D.W. und Miller, J.C. Amer.Potato J. 38. 182-91 (1961) - Ref. 56. 5171d (1962).

Über die chemische Zusammensetzung der in Leninakan gezüchteten Kartoffelknollen. Demurjan, G.Sss. Nachr.Akad.Wiss.Armen.SSR, (russ.) biol.Wiss. 13. Nr.3 81-85 (1960) - Ref. C. 1961. 15957.

Nährstoff-Zusammensetzung von "White Rose"-Kartoffeln während des Wachstums und nach der Lagerung. Yamaguchi, M., Perdue, J.W. und MacGillivray, J.H. Amer.Potato J. 37. 73-76 (1960) - Ref. C. 1960, 15935, C.A. 54. 15753g (1960).

Struktur und chemische Zusammensetzung der Kartoffelknolle. Schwimmer, S. und Burr, H.K. in W.F.Talburt: Potato Processing S.12-43. Avi Publishing Company,Inc. Westport,Conn. 1959.

Kartoffel- und Getreideerzeugnisse. Das Schicksal ihrer Inhaltsbestandteile - Eiweißstoffe und Kohlenhydrate - bei der technischen Behandlung. Hufnagel, E. Dissertation, Frankfurt/M. 1959. 85 S.

Die Inhaltsstoffe der Kartoffel und ihr Nutzwert für die menschliche Ernährung. Fischnich, O. Kartoffelbau 10. 161-62 (1959) - Ref. Stärke 12. 224 (1960).

Die Kartoffel. Bildung, Erhaltung, Verwertung ihrer Inhaltsstoffe. Fischnich, O. und Heilinger, F. Angew.Bot. 33. 49-70 (1959) - Ref. C. 1960. 2037.

Histochemischer und papierchromatographischer Nachweis von Inhaltsstoffen der Kartoffelknolle. Breyhan, T., Fischnich, O. und Heilinger, F. Naturwissenschaften 45. 420 (1958).

Kartoffelprüfungen 1957. Höppner, E. und Geidel, H. Kartoffelbau 9. 28-30 (1958).

Spezifisches Gewicht verschiedener Zonen der Kartoffelknolle. Sharma, M.K., Isleib, D.R. und Dexter, S.T. Amer.Potato J. 35. 784-88 (1958).

Die Beziehung der physikalischen Eigenschaften und der chemischen Zusammensetzung zur Mehligkeit von Kartoffeln. 2.Mitt. Chemische Zusammensetzung. Unrau, A.M. und Nylund, R.E. Amer.Potato J. 34. 303-11 (1957).

Die Beziehung der physikalischen Eigenschaften und der chemischen Zusammensetzung zur Mehligkeit von Kartoffeln. 1.Mitt. Physikalische Eigenschaften. Unrau, A.M. und Nylund, R.E. Amer.Potato J. 34. 245-53 (1957) - Ref. C. 1961. 14492.

Über Schwankungen im Trockensubstanzgehalt der Kartoffelknollen. Laurila, K. und Antila, S. J.sci.agric.Soc.Finland 28. 179-87 (1956) - Ref. C. 1958. 6412.

Die Kartoffelstruktur beeinflussende Faktoren. 3.Mitt. Physikalische Attribute und allgemeine Schlußfolgerungen. Sterling, C. und Bettelheim, F.A. Food Res. 20. 130-37 (1955) - Ref. C.1957. 6614.

Zusammensetzung der Nährstoffelemente in auf verschiedenen Böden angebauten Kartoffeln. Jaschik, S. und Lindner, K. Növénytermelés (Pflanzenbau) 4. 213-18 (1955) - Ref. C. 1957. 4840.

Zusammensetzung der Kartoffel. Überblick über die hauptsächlichen und die sekundären Zucker- und Stärkekomponenten der Kartoffel. Schwimmer, S., Bevenue, A., Weston, W.J. u. Potter, A.L. J.agric.Food.Chem. 2. 1284-90 (1954) - Ref. C.A. 49. 3438a (1955), C. 1956. 12145.

Stärke- und Proteingehalt bei der Knollenernte. Martin, J. und Grembergen, R.van Meded.Landbouwhogeschool en Opzoekinksstats. Staat Gent 17. 654-68 (1952) - Ref. C.A. 49. 5719a (1955).

Die chemische Zusammensetzung weißer Kartoffeln. Brautlecht, C.A. und Getschell, A.S. Amer.Potato J. 28. 531-50 (1951) - Ref. C. 1952. 457

Veränderlichkeit der biochemischen Kennzahlen von Kartoffelknollen. Spiridonowa, N.Ss. und Tschasowa, W.W. Ber.Akad.Wiss.UdSSR (N.S.) (russ.) 66. 671-72 (1949) - Ref. C. 1949. E. 1270.

Die chemische Zusammensetzung der Kartoffel. Willigen de, A.H.A. Landbouwkund.Tijdschr. 54. 693-725 (1942) - Ref. C. 1943. I. 577.

Die Zusammensetzung des Interzellulargases von Kartoffeln. Gorter,A. und Nadort, W. Proc.nederl.Akad.Wetensch. 44. 1112-17 (1941) - Ref. C. 1942. I. 1515.

Die Zusammensetzung der Kartoffel. Lampitt, L.H. und Goldenberg,N. Chem.and Ind. 59. 748-61 (1940) - Ref. C. 1941. II. 1221.

Zur Frage der chemischen Zusammensetzung der Kartoffeln in der armenischen Sowjetrepublik. Arutjunjan, L.A. und Arutjunjan, Sh. Problems Nutrit (russ.) 9. Nr.1/2. 47-49 (1940) - Ref. C. 1940. II. 2102.

Biochemische Merkmale von Kartoffeln als technischer Rohstoff. Nikolajew, R.P. Bull.Acad.Sci. URSS, Ser.biol. 1939. 899-907. - Ref. C. 1940. II. 1667.

Permeabilität von Kartoffelknollengewebe unter dem Einfluß der Hitze. Personius, C.J. und Sharp, P.F. Food Res. 3. 525-38 (1938) - Ref. C. 1939. I. 1467.

Adhäsion von Zellen der Kartoffelknolle unter dem Einfluß der Temperatur. Personius, C.J. und Sharp, P.F. Food Res. 3. 513-24 (1938) - Ref. C. 1939. I. 1467.

Die Zusammensetzung der Knollen von gespritzten und ungespritzten Kartoffelpflanzen in Beziehung zu ihrer Kochqualität. Mader, E.O. und Mader, M.T. Amer.Potato J. 14. 56-59 (1937) - Ref. C. 1937. II. 2761.

Biochemische Untersuchung der technischen Eigenschaften der verschiedenen Kartoffelsorten. Nikolajew, R. Gärungs-Ind. (russ.) 12. Nr.5 26-29 (1935) - Ref. C. 1936. I. 4634.

Die elektrometrische Pflanzgutwertbestimmung der Kartoffelknolle.I. Wartenberg, H., Hey, A. und Urhan, O. Arb.biol.Reichsanst.Land-u.Forstwirtsch. Berlin-Dahlem 21. 331 (1935).

Studien über die Wasserstoffionenkonzentration der Kartoffelknolle. Robertson, J.M. und Smith, A.M. Biochem.J. 25. 763-69 (1931) - Ref. C. 1931. II. 1440.

Über die chemische Zusammensetzung und die küchentechnische Verarbeitung der Kartoffel. Gözsy, B.v. und Mészaros, G. Z.Unters. Lebensmittel 61. 174 (1931).

Über Stärkekorn- und Zellengröße bei der Kartoffelknolle unter besonderer Berücksichtigung der Bedeutung dieser Eigenschaften für die Stärkefabrikation. Müller, K.O. und Lehmann, R. Angew. Bot. 8. 329 (1926).

Die Bedeutung der chemischen Zusammensetzung für den Abbau der Kartoffel. Lindner, G. Dtsch.Landwirtsch.Presse 54. 539 (1926).

Die Begutachtung verschiedener Kartoffelsorten nach der Größe der Stärkekörner. Lindner, P. Z.techn.Biol. 11. 11-12 (1925).

Die chemische Natur der Membran der Kartoffelschale. Rhodes, E. Biochem. J. 19. 454-63 (1925) - Ref. C. 1925. II. 1534.

Eine statistische Untersuchung der Zusammensetzung der Kartoffelknollen. Willaman, J.J. und West, R.M. Univ.Minnesota Stud. Plant Sci. 1924. Nr.5. 211.

Zusammensetzung der Kartoffelknollen. Willaman, J.J. und West, R.M. Univ. Minnesota agric.Exp.Stat.annu.Rep. 1922.

Zusammensetzung der Knollen, der Schalen und der Keimlinge von drei verschiedenen Kartoffelarten. Cook, F.C. J.agric.Res. 20. 623 (1921).

Untersuchung gefrorener Kartoffeln (Chuño) aus Bolivien. Parow, E. Z.Spiritusind. 28. 405 (1905).

Die chemische Zusammensetzung und der anatomische Aufbau in ihrer Beziehung zum Gebrauchswert der Kartoffel. Waterstradt, F. und Willner, M. Bl.Gersten-, Hopfen- u. Kartoffelbau 3. 293 (1901).

Untersuchungen über Speisekartoffeln. Coudon, H. und Bussard, L. Ann.Sci.agron.Ser.2. 1897.

Zusammensetzung der Kartoffeln. Balland. C.R.hebd.Séances Acad.Sci. 125. 429. - Ref. C. 1897. II. 907.

Untersuchung über den Stärkegehalt verschiedener Kartoffelvarietäten. Petermann, A. Bull.Stat.agronom.Etat Gembloux 1892. Nr.51. 32 S. - W.Ref. 2039.

Untersuchung über den Stärkegehalt verschiedener Kartoffelvarietäten. Petermann, A. Bull.Stat.agronom.Etat Gembloux 1891. Nr.49. 25 S. - W.Ref. 2039.

Untersuchung über den Stärkegehalt verschiedener Kartoffelvarietäten. Petermann, A. Bull.Stat.agronom.Etat Gembloux 1890. Nr.46. 27 S. - Ref. C. 1890. I. 774, W.Ref. 2039.

Über die Zusammensetzung der Kartoffeln. Scovell, M.A., und Menke, A.E. Amer.chem.J. 9. 103-107 (1887) - Ref. C. 1887. 1060. W.Ref. 1739.

Zur Kenntnis der Zusammensetzung nicht ausgereifter Kartoffelknollen. Hungerbühler, J. Landwirtsch.Versuchsstat. 32. 381-388 (1886).

Stärkemehlgehalt verschiedener großer Kartoffelknollen. Pott, E. Dingler's polytechn.J. 217. 518 (1875) - Ref. C. 1875. 715, W.Ref. 2010.

Über den Stärkemehlgehalt verschiedener Kartoffelsorten. Raab, L. Neues Jb.Pharmazie 37. 204-06 (1872) - W.Ref. 2005.

115. Eiweiß und Aminosäuren

(Auch biologische Eiweißwertigkeit. Vgl. auch "Kartoffelfruchtwasser": 182, "Bestimmung von Stärkebegleitstoffen, Proteine": 582 und "Chemische Bestandteile des Stärkekorns": 713)

Verhältnis der stickstoffhaltigen Substanzen in den Knollen einiger weißrussischer Kartoffelsorten. Wetscher, A.Ss. und Raschetnikow, U.M. Nachr.Akad.Wiss.Belorussischen SSR, Ser.biol. Wiss.(russ.) 1965. Nr.1. 95-99. - Ref. C. 1966. 23-3213.

Die Abhängigkeit des Charakters der Proteine von den Kartoffelsorten. Zwartz, J.A. Nutrit. et Dieta (Basel) 7. 221-32 (1965).

Über gelöstes und kristallisiertes Eiweiß in der Kartoffelzelle (Solanum tuberosum). Hölzl, J. und Bancher, E. Qualitas Plantarum Mater.vegetabiles (Den Haag) 8. 1-24 (1961) - Ref.Stärke 14. 70 (1962).

Untersuchung der freien Aminosäuren in viruskranken Kartoffelknollen der Sorte Bintje. Bajlova-Jankulova, M. C.R.Acad.bulg.Sci. 14. 835-38 (1961) - Ref. C. 1965. 30-1450.

Der Protein-Gehalt von Kartoffeln. Novák, F. Sbornik českoslov. Akad.zemědělských Věd, Rostlinná Výroba 6. 1247-60 (1960) - Ref. C.A. 55. 7558d (1961).

Fluorochromierung isolierter Eiweißkristalle der Kartoffelknolle. Bancher, E. und Hölzl, J. Photographie u. Wissenschaft 9. 29-30 (1960) - Ref. Stärke 13. 153 (1961).

Die Kartoffel als Quelle für hochwertiges Nahrungseiweiß nach Analyse der Aminosäurebausteine. Schuphan, W. und Weinmann, I. Ann.Nutrit Alimentat (Paris) 14. Nr.2. Mém.orig. 177-99 (1960) - Ref.C. 1960. 15792.

115

Aminosäurezusammensetzung und biologischer Wert der Kartoffeleiweiß-Fraktionen. Lindner, K., Jaschik, S. und Korpáczy, I. Qualitas Plantarum Mater.vegetabiles (Den Haag) 7. 289-94 (1960) - Ref. Stärke 17. 100 (1965).

Die biologische Eiweißwertigkeit der Kartoffel als Qualitätsmaßstab für Sortenbewertung und optimale Düngung. Schuphan, W. Qualitas Plantarum Mater.vegetabiles (Den Haag) 6. 293-97 (1960).

Die Kartoffel als hochwertige Eiweißquelle nach Ergebnissen von Ernährungsversuchen und von Bausteinanalysen. Schuphan, W. und Weinmann, I. Nahrung 3. 857-76 (1959) - Ref. C.A. 54. 13303e (1960), Stärke 13. 95 (1961), C. 1961. 13996.

Nachweis von Inhaltsstoffen der Kartoffel. Heilinger, F. und Breyhan, Th. Kali-Briefe, Fachgeb. 2,4. Nr.10. 1-4 (1959) - Ref. Stärke 12. 345 (1960).

Einfluß der Mineraldünger auf die Zusammensetzung der Aminosäuren des Kartoffeleiweißes. Martschenko, W.A. Ber.Allunions landwirtsch.Lenin-Akad.(russ.) 24. Nr.7. 37-40 (1959) - Ref. C. 1960. 15795.

Fluoreszenz und Färbung von Eiweißkristallen in der Knolle von Solanum tuberosum. Hölzl, I. und Bancher, E. Mikroskopie 13. 381-86 (1959) - Ref. Stärke 11. 340 (1959).

Der Einfluß einer steigenden N-Düngung auf den Gehalt an essentiellen Aminosäuren und auf die biologische Eiweißwertigkeit von Kartoffeln (EAS-Index nach B.L.Oser). 1.Mitt. Schuphan, W. Z.Pflanzenernähr.,Düng.,Bodenkunde 86. 1-14 (1959).

Eine Schnellmethode zur Ermittlung der optimalen biologischen Eiweißwertigkeit von Kartoffeln bei N-Düngungsversuchen. 2.Mitt. Schuphan, W. Z.Pflanzenernähr.,Düng.,Bodenkunde 86. 14-16 (1959).

Studien über essentielle Aminosäuren in Kartoffeln. 2.Mitt. Die biologische Eiweißwertigkeit der Kartoffel (Solanum tuberosum L.) im Ernährungsversuch und im Spiegel der essentiellen Aminosäuren. Schuphan, W. Qualitas Plantarum Mater.vegetabiles (Den Haag) 6. 16-38 (1959) - Ref. C. 1959. 15724.

Studien über essentielle Aminosäuren in Kartoffeln. 1.Mitt. Die Indianerkartoffel Solanum stenotomum Juz. et Buk. Schuphan, W. Qualitas Plantarum Mater.vegetabiles (Den Haag) 6. 1-10 (1959) - Ref. C. 1959. 15724.

Beziehungen zwischen Stickstoffdüngung, Ertrag und biologischer Eiweißwertigkeit(essentielle Aminosäuren) bei Kartoffeln. Schuphan, W. Landwirtsch.Forsch., Sonderh.Nr. 12. 94-96 (1959)

Über das Vorkommen und Verhalten freier Aminosäuren und Amide in der Kartoffel. Kaspers, H. Biol.Zbl. 78. 461-98 (1959) - Ref. Stärke 13. 95 (1961).

Über das Vorkommen und die Bedeutung des Prolins in der Kartoffel. Breyhan, Th., Heilinger, F. und Fischnich, O. Landwirtsch. Forsch. 12. 293-95 (1959) - Ref. C. 1961. 12676.

Zur Kenntnis der Aminosäuren in Kartoffelknollen. Heilinger, F. und Breyhan, Th. Landbauforschung 9. 17-18 (1959) - Ref. Stärke 12. 224 (1960), C.A. 55. 24932g (1961).

Über die Möglichkeiten einer züchterischen Verbesserung der biologischen Wertigkeit von Kartoffeleiweiß. Reissig, H. Züchter 28. 51-60 (1958) - Ref. Stärke 13. 27 (1961).

Über die Eiweißkristalle von Solanum tuberosum (Vorkommen, Entwicklung und Verteilung im Gewebe der Knolle). Hölzl, J. und Bancher, E. Österr.bot.Z. 105. 385-407 (1958) - Ref. Stärke 13. 27 (1961).

Fluoreszenzmikroskopische Studien an der Kartoffelknolle. 2.Mitt. Färbung und Fluorochromierungen der Eiweißkristalle. Hölzl, J. und Bancher, E. Protoplasma (Wien) 50. 303-15 (1958).

Fluoreszenzmikroskopische Studien an der Kartoffelknolle. 1.Mitt. Die Primärfluoreszenz der Eiweißkristalle. Hölzl, J. und Bancher, E. Protoplasma (Wien) 50. 297-302 (1958).

Gehalt an essentiellen Aminosäuren der Nahrungspflanzen und ihrer verschiedenen Organe. Schuphan, W. Qualitas Plantarum Mater. vegetabiles (Den Haag) 3/4. 19-33 (1958).-

Aminosäuregehalt in den Schößlingen, Stengeln und Knollen verschiedener Kartoffelsorten. Palladina, T.O. Wiss.Arb.von Studenten Univ.Kiew 24. 115-23 (1958) - Ref. C.A. 54. 16555i (1960).

Bestimmung des Endpunktes bei der Extraktion von freien Aminosäuren aus Kartoffeln. Talley, E.A., Carter, F.L. und Porter, W.L. J.agric.Food Chem. 6. 608-10 (1958).

Die Aminosäurezusammensetzung von Kartoffeleiweiß und von gekochten Kartoffeln. Hughes, B.P. Brit.J.Nutrit. 12. 188-95 (1958) - Ref. Stärke 13. 95 (1961).

Die Verteilung der freien Aminosäuren in Kartoffelknollen und ihre Beeinflussung durch "Jarowisation". 2.Mitt. Papierchromatographische Untersuchungen der freien Aminosäuren des Kartoffelsaftes. Szalai, I. Acta Biologica 3. 41-49 (1957).

Über die Beziehungen zwischen Ertrag, Rohproteingehalt und Eiweißqualität (Biologische Eiweißwertigkeit) bei Kartoffeln (Solanum tuberosum L.). Vorl.Mitt. Schuphan, W. Landwirtsch.Forsch. 10. 201-02 (1957) - Ref. Stärke 12. 372 (1960).

Über die biologische Wertigkeit des Kartoffeleiweißes. Die statistische Streuung der Anteile der exogenen Aminosäuren am Rohprotein in Abhängigkeit von genetischen und ökologischen Faktoren. Schuphan, W. und Postel, W. Naturwissenschaften 44. 40-41 (1957) - Ref. C. 1957. 9125.

Das Eiweiß der Kartoffelstärke. Willigen, A.H.A.de und Groot, P.W. Ber.10.int.Kongr.Ernährungsind.Madrid 1954 1. 11-18 - Ref. C.A. 50. 14250g (1956).

Die Zerlegung des Eiweißkomplexes der Kartoffelknolle durch Papierelektrophorese. Schwarze, P. Naturwissenschaften 40. 21-22 (1953) - Ref. C. 1950/54. 381 S.

Überblick über die Stickstoffbestandteile der Kartoffel. Woodward, C.F. und Talley, E.A. Amer.Potato J. 30. 205-12 (1953).

Polarographische und papierelektrophoretische Charakterisierung von Kartoffelproteinen in ihrer Beziehung zu Kartoffelvirosen. Kanngiesser, W. Phytopathol.Z. 18. 447-52 (1952) - Ref. C. 1953. 5058.

Studien über die Eiweißhydrolyse. I. Vorläufige Mitteilung über den Geschmack von enzymatischen Proteinhydrolysaten. Murray, T.K. und Baker, B.F. J.Sci.Food Agric 3. 470-75 (1952) - Ref. Stärke 5. 163 (1953).

Stärkereiche Kartoffeln und Eiweißgehalt. Sigle, Kurt Mitt.Landwirtschaft 67. 335-36 (1952) - Ref. C. 1952. 7587.

Isolierung und vorläufige Fraktionierung von Proteinen aus ruhenden und wachsenden Kartoffelknollen. Levitt, J. Plant Physiol. 26. 59-65 (1951) - Ref. C. 1952. 1674.

Kartoffeleiweiß, seine Steigerung und Verwertung. Sigle, K. Z.Acker- u. Pflanzenbau 93. 208-58 (1951) - Ref. C. 1956. 7640.

Die Rolle von phosphorhaltigen Verbindungen bezüglich des kolloidalen Verhaltens von Kartoffelprotein. Hofstee, J. Recueil Trav.chim. Pays-Bas 67. 627-37 (1948) - Ref. C. 1948. E. 1633.

Ein neues Protein in Kartoffeln. Groot, E.H., Janssen, L.W., Kentie, A., Oosterhuis, H.K. und Trap, H.J.L. Biochim.biophysica Acta (Amsterdam) 1. 410-14 (1947) - Ref. C. 1947. E. 930.

Ein neues Protein,in Kartoffeln. Groot, E.H., Jansen, L.W., Kentie, A., Oosterhuis, H.K. u. Trap, H.L.J. Voeding 6. 214 (1946), Biochimica et Biophysica Acta 1. Nr.5. 410-414 (1947).

Untersuchung von Kartoffelproteinen. Jirgensons, B. J.Polymer Sci. 1. 484-94 (1946) - Ref. C. 1946. II. 1343.

Der Nährwert von Kartoffelprotein für Schweine. Hutchinson, J.C.D., Bacon, J.S.D., Macrae, T.F. und Worden, A.N. Biochem.J. 37. 550-62 (1943) - Ref. C. 1944. II. 123.

Eiweißkristalle im Gewebe der Kartoffelknolle. Janisch, R. Nachrichtenbl. dtsch. Pflanzenschutzdienst 1942. Nr. 9.

Über das Vorkommen von Eiweißkristallen in virusinfizierten Kartoffelknollen. Köhler, E. Nachrichtenbl. dtsch. Pflanzenschutzdienst 1942. Nr. 9.

Biochemische und physiologische Untersuchung des Kartoffeleiweißes und seine Bedeutung für die Ernährung. Jacquot, Raymond und Armand, Yvette C.R.hebd.Séances Acad.Agric.France 28. 595-97 (1942) - Ref. C. 1943. I. 1427.

Der Nährwert von Kartoffelprotein. Groot, E.H. Arch.néerl Physiol. Homme Animaux 26. 472-84 (1942) - Ref. C. 1943. I. 2103.

Die Bedeutung der Eiweißleistung der Kartoffel. Sengbusch, R.v. Forschungsdienst 12. 517-532 (1941) - Ref. C. 1942. I. 3048.

Untersuchungen über den Aminosäuregehalt und die Anfälligkeit der Kartoffel gegen die Kraut- und Knollenfäule (Phytophtora infestans de By). Alten, F. und Orth, H. Phytopathol.Z. 13. 243 (1940) - Ref. C. 1940. II. 2944.

Untersuchungen über Kartoffeleiweiß. Barth, L. Dissertation Berlin 1940.

Über den Einfluß der reinen Eiweißsubstanz der Kartoffel und der grünen Bohnen auf die Lage des Harnquotienten C:N und Vakat - O:N, wie auf den Glykogengehalt der Leber. Bickel, A. und Parlow, A. Biochem.Z. 304. 105 (1940).

Über die biologische Wertigkeit des Nahrungseiweiß beim Menschen. (Versuche mit Kartoffeln und Schinken). Möller, K. Dissertation Jena 1940.

Neuere Ergebnisse über biologische Eiweißsynthese. Fink, H. VI. Congr.int.techn.chim.Ind.agric.,Budapest C.R. 2. 409-26 (1939) - Ref. C. 1940. I. 3195.

Zur biologischen Eiweißsynthese. Fink, Hermann Wschr.Brauerei 55. 409-13. 417-20 (1938) - Ref. C. 1939. I. 2099.

Verdaulichkeit und biologische Wertigkeit von Kartoffeleiweiß beim Schwein und Geflügel. Mangold, E. Forschungsdienst 5. 57-60 (1938) - Ref. C. 1938. I. 4246.

Über die Verdaulichkeit und die biologische Wertigkeit des Kartoffeleiweiß. Mangold, E. Z.Spiritusind. 60. 303 (1937) - Ref. C. 1938. I. 764.

Versuche über die Verdaulichkeit neuer Kartoffeleiweißprodukte bei Hühnern und über ihre Eignung als Eiweißfutter zur Kükenaufzucht. Mangold, E., Hock, A. und Damköhler, H. Arch.Geflügelkunde 11. 382 (1937).

Verdaulichkeit und biologische Wertigkeit von Kartoffeleiweiß beim Schwein. Mangold, E. und Columbus, A. Landwirtsch.Versuchsstat. 129. 12-27 (1937) - Ref. C. 1938. I. 4732.

Das Verhalten der Eiweißstoffe gesunder und abbaukranker Kartoffelknollen gegen Salze. Kaho, H. Acta Comment.Univ.Tartuensis (Dorpatensis) Ser.A 29. Nr.4 20 Seiten (1936) - Ref. C. 1937. I. 1309.

Beitrag zur Kenntnis des Kartoffeleiweißes bei gesunden Knollen. Kaho, H. Biochem.Z. 278. 235 (1935) - Ref. C. 1936. I. 2124.

Experimentelle Untersuchungen über das biologische Verhalten des Kleie- und Kartoffeleiweißes im Stoffwechsel. Bickel, A., Sander, R. und Schilling, J. Münchener med.Wschr. 82. 1482 (1935).

Veränderung des Glutathiongehaltes der Kartoffelknolle durch Behandlung mit Chemikalien, die die Ruheperiode unterbrechen. Guthrie, J.D. Contr.Boyce Thompson Inst. 5. 331 (1933).

Nährwert des Kartoffeleiweißes und der Gelatine Jones, D.B. und Nelson, E.M. J.biol.Chem. 91. 705-13 (1931) - Ref. C. 1931. II. 1874.

Über den Cystinmangel der Eiweißkörper der Gartenerbsen und Kartoffeln. Beadles, J.R., Braman, W.W. und Mitchell, H.H. J.biol. Chemistry 88. 615-22 (1930) - Ref. C. 1931. I. 800.

Der Nährwert des Tuberins, des Globulins der Kartoffel. Kon, St.K. Biochem.J. 22. 261-67 (1928) - Ref. C. 1928. I. 2958.

Der Diätwert von Kartoffelprotein. Hartwell, G.A. Biochem.J. 19. 75 (1925) u. 21. 282 (1927).

Die Hydrolyse des Kartoffeleiweißes. Sjollema, B. und Rinkes, I.J. Hoppe-Seyler's Z.physiol.Chem. 76. 368-84 (1911) - Ref. C. 1912. I. 1574.

Die Proteine der Kartoffel. Osborne, Th.B. und Campbell, G.F. J.Amer.chem.Soc. 18. 575-82 (1896).

Neue Beiträge zur Kenntnis der stickstoffhaltigen Bestandteile der Kartoffelknollen. Schulze, E. und Eugster, E. Landwirtsch.Versuchsstat. 27. 357 (1882).

Die Eiweiß-Krystalloide der Kartoffel; ihre Entstehung, Entwicklung und Metamorphose. Karsten, H. Pharmaz.Zentralhalle Deutschland 23. 185-88 (1882).

Beitrag zur Frage über den Proteingehalt der Kartoffeln. Holdefleiß, F. Biedermann's Zbl.Agrikulturchem.ration.Landwirtschaftsbetrieb 9. 120 (1880).

Über das Vorkommen von Leuzin und Tyrosin in den Kartoffelknollen. Schulze, E. und Barbieri, J. Landwirtsch.Versuchsstat. 24. 167 (1880).

Über den Gehalt der Kartoffelknollen an Eiweißstoffen und Amiden. Schulze, E. und Barbieri, J. Landwirtsch.Versuchsstat. 21. 63 (1878).

116. Vitamine

1161. Vitamin C
1162. Sonstige Vitamine

1161. Vitamin C (Ascorbinsäure)

Gesamt-Ascorbinsäure in Kartoffeln. Bring, S.V. und Raab, F.P. J.Amer.dietet.Assos. 45. 149-52 (1964) - Ref. C. 1965. 21-1452.

Gesamt-Ascorbinsäure in Kartoffeln. Bring, S.V, Grassl, C., Hofstrand, J.T. und Willard, M.J. J.Amer.dietet.Assoc. 42. 320-24 (1963) - Ref. C. 1965. 48-2790.

Über den Vitamin C-Gehalt keimungsgehemmter Kartoffeln. Woggon, H. Ernährungsforschung 8. 387-405 (1963) - Ref. C. 1965. 5-2961.

Dünnschichtchromatographische Bestimmung der Ascorbinsäure in Kartoffelknollen. Hasselquist, H. und Jaarma, M. Acta chem.scand. 17. 529-32 (1963) - Ref. C. 1963. 21751.

Einfluß der Saatkartoffelbestrahlung mit γ-Strahlen von 60 Co auf den Ertrag und den Kartoffelgehalt an Vitamin C. Beresina, N.M., Schtschibrja, G.I., Droshshina, W.W., Risa-Sade, R.R. und Tarassowa, A.D. Radiobiologie (russ.) 3. 139-42 (1963) - Ref. C. 1963. 13617.

Der Einfluß der Lagerung auf die Veränderungen des Gehaltes an Vitamin C in der Kartoffel. Simek, J. Prumysl Potravin 13. 311-12 (1962) - Ref. C. 1963. 8368.

Dynamik der Ascorbinsäure und Stärke in Kartoffelknollen während der Lagerung. Biletzka, O.K. Ber.Landwirtsch.-Wiss.(bulg.) 4. Nr.6. 108-11 (1961) - Ref. C.A. 57. 10313c (1962).

Die Kartoffel als Vitamin-C-Quelle im Norden. Libo, M.C. Fragen d.Ernähr. 20. Nr.4. 78-80 (1961) - Ref. C. 1962. 11270.

Der Einfluß der Lagerung auf den Ascorbinsäuregehalt von mit Gamma-Strahlen behandelten Kartoffeln. Panalaks, T. und Pelletier, O. Food Res. 25. 33-36 (1960) - Ref. C. 1960. 15605.

Über die quantitative Bestimmung des Vitamin C in pflanzlichen Extrakten unter besonderer Berücksichtigung der Polarographie. Woggon, H. Ernährungsforschung 4. 35-43 (1959).

Der Einfluß nicht antiskrobutischer reduzierender Substanzen auf den Ascorbinsäuregehalt gebackener Kartoffeln. McAffee, J.W. und Watts, J.H. Food Res. 23. 114-18 (1958) - Ref. C. 1959. 1296.

Die Verteilung der Ascorbinsäure in vernalisierten Kartoffelknollen in verschiedenen Phasen der Keimung (Physiologische Untersuchungen an Kartoffeln) 9.Mitt. Szalai, I. und Gracza, L. Acta agronom.Acad.Sci.hung. 8. 59-66 (1958).

Der Vitamin C-Gehalt von Pflanzen in Abhängigkeit von der Temperatur und das Verhältnis Ascorbinsäure zu Dehydroascorbinsäure unter besonderer Berücksichtigung gelagerter Kartoffeln. Wolfgang, F. Planta 49. 345-88 (1957).

Einfluß von Bestrahlung durch radioaktives Kobalt (Co^{60}) auf den Vitamin C-Gehalt in Kartoffeln. Ssalkowa, Je.G. Ber.Akad.Wiss. UdSSR(russ.) 114. 757-59 (1957) - Ref. C. 1959. 17545.

Einfluß verschiedener Formen der Stickstoffdüngung auf den Gehalt an Ascorbinsäure in den Kartoffelknollen. Wersilin, N.N. Nachr.Univ.Leningrad, Biol.Ser.(russ.) 12. Nr.15. 5-9 (1957).

Änderung des Ascorbinsäuregehaltes im Saftfutter in Abhängigkeit von der Dauer der Lagerung. Dymarski, L.A. Tierheilkunde (russ.) 34. Nr.2. 61-63 (1957) - Ref. C. 1957. 12329.

Über das Vorkommen der Dehydroascorbinsäure in Pflanzen und ihre Beziehungen zum Vitamin-C-Problem. Franke, Wolfgang Biol.Zbl. 76. 148-63 (1957).

Der Vitamin-C-Gehalt von Pflanzen in Abhängigkeit von der Temperatur und das Verhältnis Ascorbinsäure zu Dehydroascorbinsäure unter besonderer Berücksichtigung gelagerter Kartoffeln. Franke, Wolfgang Planta 49. 345-88 (1957) - Ref. C. 1958. 5712.

Veränderungen des Gehaltes an Vitamin C in rohen und gekochten Kartoffeln bei Lagerung über längere Zeiträume. 6.Mitt. Zum Vitamin-C-Gehalt der Kartoffel. Scheunert, A. und Theile, E. Ernährungsforschung 1. 657-66 (1956).

Über den Gehalt und die Beständigkeit der Ascorbinsäure in verschiedenen Kartoffelsorten. Roine, P., Wichmann, K. und Vihavainen, L. Acta agral.fenn. 1955. Nr.83. 71-87 - Ref. C. 1956. 10738.

Beiträge zur Biosynthese von Vitamin C in Kartoffeln. Angyal, G. und Vároczy, P. Elelmezési Ipar (Verpflegungs-Ind.) 9. 156-60 (1955) - Ref. C. 1956. 14200.

Bestimmung von Vitamin C in verschiedenen Kartoffelarten (Solanum tuberosum). Myrick, M.C. An.Fac.Farmac.Bioquím. 6. 227-35 (1955). - Ref. C. 1961. 15596.

Veränderungen des Gehaltes an Vitamin C in den Kartoffelknollen in Abhängigkeit von Sorte, Kulturbedingungen und Lagerung. Sotowa, O.N. Dissertation 1954-1955. Omsk, Landwirtschaftl.Inst.

Die Bildung der l-Ascorbinsäure in der Kartoffelknolle. Damanski, A.F. und Marić, T.K. Acta pharmac.jugosl. 4. 45-51 (1954) - Ref. C. 1955. 6317.

Zum papierchromatographischen Nachweis von Ascorbinsäure und Dehydroascorbinsäure. Ulmann, M. Pharmazie 9.523-29 (1954) - Ref. J.Chem.(russ.) 1955. 24038.

Beitrag zur Kenntnis der Ascorbinsäuremenge in der Kartoffel während der Lagerung. Mihelič, F. Farmac.Glasnik 10. 155-59 (1954) - Ref. C. 1955. 3990.

Einfluß der Bodentemperatur auf den Gehalt an Vitamin C in den Kartoffelknollen. Gurmasa, A.M. Ber.Akad.Wiss.UdSSR (N.S.) (russ.) 97. 923-26 (1954) - Ref. C. 1955. 4381.

Der Einfluß von Sorte, Lagerung und Anbaugegend auf den Vitamin-C-Gehalt der Kartoffel. Allison, R.M. und Driver, C.M. J.Sci.Food Agric. 4. 386-96 (1953) - Ref. C. 1955. 2799.

Beziehungen zwischen Vitamin C und Cellulose im Spinat und in der Kartoffel. Damanski, A.F., Niloaeff-Maric, T.K. und Bakarcic M.E. Bull.Soc.Chim.biol. 35. 981-83 (1953) - Ref. C. 1954. 9552.

Der Einfluß einiger Wachstumsbedingungen der Kartoffel auf ihren Gehalt an Vitamin C. Sotowa, O.N. Biochemie (russ.) 18. 205-09 (1953) - Ref. C. 1953. 6705.

Ascorbinsäurebildung in Kartoffelknollenschnitten. Smith, Frederick, G. Plant Physiol. 27. 736-44 (1952) - Ref. C. 1955. 6545.

Die Bestimmung der Ascorbinsäure auf chromatographischem Wege in pflanzlichen Säften. Schamrei, E.F., Gawrilowa, E.A. und Krawtschenko, W.W. Biochemie (russ.) 16. 604-11 (1951).

Der Ascorbinsäuregehalt von Kartoffelknollen. 2.Mitt. Der Einfluß der Temperatur auf die Lagerung. Barker, J. und Mapson, L.W. New Phytologist 49. 283 (1950).

Beobachtungen über die Sortenabhängigkeit des Ascorbinsäuregehaltes bei Kartoffeln. Bergner, K.G. und Borkholder, G. Dtsch.Lebensmittel-Rdsch. 44. 78-81 (1948).

Vitamin-C-Gehalt von Kartoffeln. Smith, A.M. Chem.and Ind. 1948. 429. - Ref. C. 1949. E 7156.

Vitamin C in Kartoffeln. Wokes, Frank und Nunn, Gordon, Nature (London) 162. 900-10 (1948) - Ref. C. 1948. E. 836.

Der Einfluß von bestimmten Wurzelstöcken und Schößlingen auf den Ascorbinsäuregehalt von Kartoffelknollen. Kelly, W.C. und Sohmers, G.F. Plant Physiol. 23. 338 (1948).

Der C-Vitamingehalt von auf gutem Boden gewachsenen Kartoffeln. Baker, L.C., Parkinson, T.L. und Lampitt, L.H. J.Soc.chem.Ind. 65. 428-30 (1946) - Ref. C. 1946. II. 144.

Vitamin- C-Gehalt von Kartoffeln. 2.Mitt. Der Einfluß von Sorte, Boden und Lagerung. Lampitt, L.H., Baker, L.C. und Parkinson, T.L. J.Soc.chem.Ind.,Trans.and Commun. 64. 22-26 (1945) - Ref. C. 1946. II. 3900.

Vitamin C-Gehalt von Kartoffeln. 1.Mitt. Verteilung in der Kartoffelpflanze. Lampitt, L.H., Baker, L.C. und Parkinson, T.L. J.Soc.chem.Ind.,Trans.and Commun. 64. 18-22 (1945) - Ref. C. 1946. II. 3900.

Die Oxydation von Ascorbinsäure durch Kartoffelgewebe. Mommaerts, W.F.H.M. Z.Vitaminforsch. 14. 313-18 (1944) - Ref. C. 1944. I. 791.

Zur Frage des Vitamin-C-Gehaltes von Trockenspeisekartoffeln. Kröner, W. und Lamel, H. Z.Spiritusind. 65. 143-44 (1942).

Über die Abnahme des Vitamins C bei der Lagerung der Kartoffeln. 4.Mitt. über chemische Vitaminbestimmung. Fellenberg, T.v. und Wuhrmann, H. Mitt.Gebiete Lebensmittelunters.Hyg. 33. 224-31 (1942) - Ref. C. 1943. I. 1118.

Die Verteilung der Ascorbinsäure in der Kartoffelknolle. Lauersen, F. und Orth, W. Z.Unters.Lebensmittel 83. 193 (1942).

Über die Verteilung der titrimetrisch bestimmbaren Ascorbinsäure und Dehydroaskorbinsäure in der Kartoffelknolle. Kröner, W. und Völksen, W. Biochem. Z. 307-13 (1941) - Ref. C. 1941. II. 362.

Die Bedeutung der Kartoffeln als Quelle von Ascorbinsäure (Vitamin C). Mělka, J. Časopis českého Lékárnictva 1941. 185-87.

Kann der Askorbinsäuregehalt in der Kartoffel den täglichen Vitamin-C-Bedarf decken? Burchard, H. Dissertation München 1940.

Kartoffeln, die wichtigste Vitamin-C-Quelle. Z.Spiritusind. 63. 271 (1940).

Über den Vitamin-C-Gehalt der frischen und der Trockenkartoffel. Mohr, H. Münchner med.Wschr. 87. 973-74 (1940) Ref. C. 1940. II. 3653.

Die Verteilung und Konzentration von Ascorbinsäure in der Kartoffel (Solanum tuberosum). Smith, Alexander,Martin und Gillies, John Biochem.J. 34. 1312-20 (1940) - Ref. C. 1941. II. 68

Über den Vitamin C-Gehalt der Kartoffeln. III.Mitt. Das Verhalten des Ascorbinsäuregehaltes beim Einfrieren und Wiederauftauen von Kartoffeln. Scheunert, A. und Reschke, J. Biochem. Z. 304. 340 (1940).

Kartoffeln als Träger von Vitamin C. Lyons, M.E. und Fellers, C.R. Amer.Potato J. 16. 169-79 (1939).

Die Verteilung des Vitamins C in der Kartoffelknolle und ihre Bedeutung für die Herstellung von Trockenspeisekartoffeln. Kröner, W. und Völksen, W. Z.Spiritusind. 62. 11-12 19. (1939). - Ref. C. 1939. I. 3277.

Die Verteilung des Vitamins C in der Kartoffel. Kröner, W. und Völksen, W. Vorratspflege u. Lebensmittelforsch. 1. 693 (1938).

Einfluß der Lagerung und Zubereitung auf Zusammensetzung und Vitamin-C-Gehalt der Kartoffeln. Krocker, F. Forschungsdienst 5. 243-54 (1938).

Die Verteilung der Ascorbinsäure in der Kartoffelknolle. Paech, K. Biochem.Z. 298. 307 (1938).

Über den Vitamin C-Gehalt der Kartoffeln. 2.Mitt. Scheunert, A., Reschke, J. und Kohlemann, E. Biochem. Z. 290. 313 (1937).

Über den Vitamin C-Gehalt der Kartoffeln. 1.Mitt. Scheunert, A., Reschke, J. und Kohlemann, E. Biochem.Z. 288. 261 (1936).

Über die Schwankungen des Vitamin-C-Gehaltes der Kartoffel bei Anwendung verschiedener Verfahrungsmethoden. Erkkilä, S. Duodecim (Nordisk Med.) 52. 1059 (1936).

Veränderungen des Ascorbinsäure- und Glutathiongehaltes bei gelagerten und keimenden Kartoffeln. Pett, L.B. Biochem.J. 30. 1228 (1936).

1162. Sonstige Vitamine
(Aneurin, Vitamin B_1)

Aneurinbestimmung in Kartoffeln. Bouman, J. Int.Z.Vitaminforsch. 19. 386-93 (1948) - Ref. C. 1948. E. 1097.

Vitamin B_1. Wright, M.D. Chem.and Ind. 59. 578 (1940) - Ref. C. 1941. II 1759.

Aneurinbestimmung in Getreide und Kartoffeln. Wiegand, J.A. Arch. néerl.Physiol.Homme Animaux 23. 331 (1939) - Ref. C. 1939. I. 2234.

117. Alkaloide (Solanin)

Untersuchungen über das Alkaloid Solanin in Kartoffelknollen. Šimek, J. Průmysl Potravin 13. 380-81 (1962) - Ref. C. 1964. 14-2698.

Methoden zum Solaninnachweis und zur Solaninbestimmung in Kartoffelzuchtmaterial. Schwarze, P. Züchter 32. 155-60 (1962) - Ref. C. 1964. 14-2699.

Vorkommen und Verteilung des freien Alkaloids Solanidin in "Netted Gem"-Kartoffeln. Zitnak, A. Canad.J.Biochem.Physiol. 39. 1257-65 (1961) - Ref. C. 1965. 30-1393.

Untersuchung der Biosynthese von Glykoalkaloiden der Kartoffel mit Hilfe der markierten Atome. Gussewa, A.R. und Passeschnitschenko, W.A. Biochemie(russ.) 23. 412-15 (1958) - Ref. C. 1959. 855.

Die fermentative Spaltung der Glykoalkaloide der Kartoffel. Gussewa, A.R. und Passeschnitschenko, W.A. Biochemie (russ.) 22. 843-48 (1957).

Faktoren in Beziehung zur Knollenqualität der Kartoffel. 4.Mitt. Knollen-Stoffwechsel-Stadien und ihr Einfluß auf den Gesamt-Solaningehalt. Hilton, R.J. und Gamborg, O.L. Canad.J.Plant Sci. 37. 407-12 (1957).

Der Gehalt an Solanin und Chakonin in der Kartoffel während der Vegetation. Passeschnitschenko, W.A. Biochemie (russ.) 22. 981-83 (1957) - Ref. C. 1958. 8964.

Kartoffeln mit erhöhtem Solaningehalt. Monnet, R., Sabon, F. und Viala, A. Ann.Falsificat.Fraudes 48. 485-88 (1955) - Ref. C. 1959. 3189.

Solanin, ein Glucosid der Kartoffel. 3.Mitt. Eine verbesserte Methode zur Extraktion und Bestimmung. Baker, L.C., Lampitt, L.H. und Meredith, O.B. J.Sci.Food Agric. 6. 197-202 (1955) - Ref. C. 1960. 9411.

Der Einfluss gewisser Pflanzmethoden auf Solaningehalt und Knollenertrag bei Netted Gem-Kartoffeln. Hutchinson, A. und Hilton, R. J. Canad.J.agric.Sci. 35. 485-91 (1955) - Ref. C. 1956. 14160.

Wirkung der Düngemittelanwendung auf den Solaningehalt und den Ertrag von Kartoffelknollen. Kumar, K. und Mahapatra, L. Sci.and Cult. 20. 604-05 (1955) - Ref. C. 1956. 7641.

Methoden zur Solaninbestimmung in Solanum tuberosum-Knollen. Dabbs, D.H. und Hilton, R.J. Canad.J.Technol. 31. 213-20 (1953) - Ref. C. 1950/54. 8818 S.

Versuche zur quantitativen Bestimmung des Solanins und seiner Spaltprodukte in Kartoffeln. Fresenius, W. und Nickels, W. Angew. Kochwiss. 4. 98 (1943).

Beitrag zur Solaninfrage. Belichtung und Solaningehalt der Kartoffeln. Lepper, W. Z.Lebensmittel-Unters. u. -Forsch. 86. 247-50 (1943) - Ref. C. 1945. I. 1194.

Solanin. Glycoside der Kartoffel. II. Ihre Verteilung in der Kartoffelpflanze. Lampitt, L.H., Bushill, J.H., Rooke, H.S. u. Jackson, E.N. Chem.and Ind. 62. 48 (1943).

Über den Solaningehalt von Kartoffeln. Arutjunjan, L.A. Problems Nutrit.(russ.) 9. 30-36 (1940) - Ref. C. 1941. I. 1750.

Über solaninhaltige Kartoffeln. Fellenberg, Th.v. Mitt.Gebiete Lebensmittelunters.Hyg. 31. 85-90 (1940) - Ref. C. 1940. II. 2972.

Nachtrag zu der Arbeit: "Über solaninhaltige Kartoffeln". Fellenberg, Th.v. Mitt.Gebiete Lebensmittelunters.Hyg. 31. 237 (1940) - Ref. C. 1941. II. 126.

Eine neue Arbeitsweise für die gewichtsanalytische Bestimmung von Solanin in Kartoffeln. Lepper, W. Vorratspflege u. Lebensmittelforsch. 1. 599-607 (1938) - Ref. C. 1939. I. 2327.

Einfluß der Lagerungsart auf den Solaningehalt der Kartoffeln. Naumow, W.M. Problems Nutrit.(russ.) 7. 208 (1938) - Ref. C. 1939. II. 1985.

Verteilung von Acetylchlolin in der Kartoffelpflanze. Bacq, Z.M. Bull.Cl.Sci.Acad.roy.Belgique 24. 545 (1938).

Einfluß von Licht auf den Solaningehalt in der Kartoffelknolle. Conner, H.W. Plant Physiol. 12. 79-98 (1937) - Ref. C. 1938. II. 1794.

Das Vorkommen von Solanidin in keimenden Kartoffeln. Clemo, G.R. McMorgan, W.G. und Raper, R. J.chem.Soc. London 1936. 1299-1300. - Ref. C. 1936. II. 3679.

Über Solanthren, ein neues Nebenalkaloid aus Kartoffelkeimen. Dieterle und Schaffnit. Arch.Pharmaz.Ber.dtsch.pharmaz.Ges. 270. 550-51 (1932) - Ref. C. 1933. I. 1135.

Das Solonin in der Kartoffel. Exempljarski, M.M. und Fedorow, R.A. Problems Nutrit.(russ.) 3. 16-19 (1934) - Ref. C. 1935. II. 1274.

Über den Solaninnachweis in der Kartoffel mit Blutgelatine. Fischer, R. und Thiele, J. Österr.bot.Z. 78. 325-34 (1930) - Ref. C. 1930. II. 2164.

Der Solaningehalt der Kartoffeln. Bömer, A. und Mattis, H. Z.Unters. Lebensmittel 47. 97 (1924).

Kartoffeln 1922er Ernte mit außerordentlich hohem Solaningehalt. Alfa, J. und Heyl, E. Z.Unters.Lebensmittel 46. 306 (1923).

Über hohe Solaningehalte bei Kartoffeln. Bömer, A. und Mattis, H. Z.Unters.Lebensmittel 45. 288 (1923).

Das Solanin in der Kartoffelpflanze. Brehmer, W.v. Mitt.biol. Reichsanst.Land- u. Forstwirtsch. Berlin-Dahlem 21. 269 (1921).

Solaningehalt von Kartoffeln. Behre, A. und Ehrecke, H. Chemiker-Ztg. 42. 593 (1918).

Beiträge zur Kenntnis des Solanins. Heiduschka, A. und Sieger, H. Arch.Pharmaz.Ber.dtsch.pharmaz.Ges. 255. 18 (1917) - Ref. C. 1917. I. 867.

Die Bedeutung des Solanins als Kartoffelgift. Droste. Pharmaz.Zentralhalle Deutschland 56. 311 (1915). - Ref. C. 1915. II. 1081.

Über den Solaningehalt der Speise- und Futter-Kartoffeln und über den Einfluß der Bodenkultur auf die Bildung von Solanin in der Kartoffelpflanze. Morgenstern, F.v. Landwirtsch.Versuchsstat. 65. 301 (1907).

Über das Solanin aus Solanum tuberosum. Colombano, A. Atti Reale Accad.naz.Lincei Rend. 16. II. 683, 755 (1907)- Ref. C. 1908. I. 473, 651, 1912. II. 1663.

Über den Solaningehalt der Kartoffeln. Wintgen, M. Arch.Pharmac. 244. 360-72 (1906).

Über die physiologische Bedeutung des Solanins. Albo, G. Ann. agronom. 25. 621 (1899).

Über Vergiftungen durch Kartoffeln. I. Über den Gehalt der Kartoffeln an Solanin. und über die Bildung desselben während der Keimung. II. Über die toxikologische Bedeutung des Solaningehalts der Kartoffeln. Meyer, G. und Schmiedeberg, O. Naunyn-Schmiedebergs Arch.exp.Pathol.Pharmacol. 36. 360 (1895) - Ref. C. 1896. I. 277.

Über Vergiftungen durch Kartoffeln. Meyer, G. Naunyn-Schmiedebergs Arch.exp.Pathol.Pharmakol. 36. 374 (1895).

Über das Solanin. Bach, O. J.prakt.Chem. 7. 248 (1873).

118. Sonstige organische Verbindungen

1181. Fette und Lipoide

(Vgl. auch "Bestimmung von Stärkebegleitstoffen, Fette und Lipoide": 583 und "Chemische Bestandteile des Stärkekorns": 713)

Beobachtungen über die Konstitution der Lipoide von weißen Kartoffeln. Highlands, M.E., Licciardello, J.J. u. Herb, S.F. Amer. Potato J. 31. 353-57 (1954) - Ref. C. 1956. 5983.

Über die Eigenschaften von Fett aus Krebswucherungen der Kartoffelknollen. Gretschuschnikow, A.I. und Jakowlewa, N.N. Ber.Akad. Wiss.UdSSR (N.S.) (russ.) 97. 1077-79 (1954) - Ref. C. 1955. 7708.

Zur Kenntnis des Kartoffelfettes. Kröner, W. und Völksen, W. Naturwissenschaften 30. 473 (1942).

1182. Organische Säuren

(Chlorogensäure, Citronensäure, Oxalsäure)

Chlorogensäuregehalt roher und gedämpfter Kartoffeln. Voigt, J. und Noske, R. Nahrung 8. 19-27 (1964) - Ref. C. 1965. 49-2860.

Chemische Zusammensetzung von Kartoffeln. 2.Mitt. Beziehung zwischen den Konzentrationen organischer Säuren zum spezifischen Gewicht und der Lagerungszeit. Schwartz, J.H., Greenspun, R.B. und Porter, W.L. Food Technol. 15. 364-66 (1961) - Ref. C.A. 56. 10648d (1962).

Chlorogensäure im Zellsaft der Knolle von Solanum tuberosum. Bancher, E. und Hölzl, J. Mikroskopie (Wien) 15. 210-18 (1960).

Der Chlorogensäuregehalt wachsender Kartoffelknollen. Wolffgang, H., Schrödter, H. und Hoffmann, G.M. Flora (Jena) 148. 283-94 (1959) - Ref. C. 1960. 15792.

Veränderungen des Gehaltes an organischen Säuren in den Blättern und Knollen der Kartoffel. Minina, A.K. Biochemie (russ.) 18. 718-24 (1953) - Ref. C. 1954. 7443.

Die Citronensäure der Kartoffel. Prokoschew, Ss.M. und Ssaweljewa, O.N. Ber.Akad.Wiss.UdSSR (N.S.) (russ.) 62. 117-20 (1948) - Ref. C. 1949. I. 216.

Citronensäure aus rohen Kartoffeln. Steinhardt, B. Kungl.fysiogr. Sällsk Lund Förh. 15. 211-14 (1945) - Ref. C. 1946. I. 2263.

Der Citratgehalt der Kartoffel. Thunberg, T. Kungl.fysiogr.Sällsk. Lund Förh. 15. 58-62 (1945) - Ref. C. 1946. I. 2263.

Die nichtflüchtenden Säuren der Kartoffel. Curl, A.L. und Nelson, E.K. Amer.Potato J. 17. 328 (1940).

Abtrennung von Citronensäure aus Kartoffelknollen. Guthrie, J.D. Contr.Boyce Thompson Inst. 8. 295 (1936).

Metabolismus von Citronen-, Schwefel- und Salpetersäure in der Kartoffelknolle. Eine Erklärung für den hohen p_H-Wert des mit Äthylenchlorid behandelten Kartoffelwassers. Guthrie, J.D. Contr.Boyce Thompson Inst. 6. 247 (1934).

Oxalsäure in Kartoffeln. Arbenz, E. Mitt.Gebiete Lebensmittel-unters. Hyg. 8. 98 (1917).

1183. Pektin

Kohlenhydratzusammensetzung von Kartoffeln. Pektingehalt. Potter, A.L. und McComb, E.A. Amer.Potato J. 34. 342-46 (1957).

Die Kartoffelstruktur beeinflussende Faktoren. 2.Mitt.Pektinsubstanzen. Bettelheim, F.A. Sterling, Cl. Food.Res. 20. 118-29 (1955) - Ref. C. 1957. 6614.

Beiträge zur Kenntnis der Kartoffelbestandteile. I.Mitt. Über das Kartoffelpektin. Völksen, W. Z.Lebensmittel-Unters. u.-Forsch. 90. 117-79. (1950) - Ref. C. 1950. II. 1478.

Untersuchung über die Pektinsubstanzen der Kartoffelknollen in verschiedenen Wachstumsstadien und bei der Lagerung. Dastur, R.H. und Agnihorti, S.D. Indian J.agric.Sci. 4. 430-50 (1934) - Ref. C. 1935. II. 3121.

Biochemische Studie über unlösliche Pektinsubstanzen in Pflanzen. Conrad, C.M. Amer.J.Bot. 13. 531-47 (1926) - Ref. C. 1927. II. 1156.

1184. Kohlenhydrate, Zucker

Die Kohlenhydrate der Kartoffelknolle. Le Tourneau, D. J.agric. Food Chem. 4. 543-45 (1956) - Ref. C. 1957. 12035.

Abweichungen am Gehalt an reduzierenden Zuckern bei verschiedenen Kartoffelsorten. Watada, A.E. und Kunkel, R. Amer.Potato J. 32. 132-40 (1955).

Einfluß von Chloridionen auf den Gehalt von Kohlenhydraten in Kartoffelblättern. Baslavskaja, S.S. Plant Physiol. 11. 864 (1936).

Der Einfluß der Temperatur auf die Beziehung Sucrose/Hexose in Kartoffeln. Barker, J. Dept.sci.ind.Res.Rep.Food Invest,Board 1934. 133.

Schwankungen im Zuckergehalt in Kartoffeln verursacht durch Verletzungen und ihre möglichen Beziehungen zur Atmung. Hopkins, E.F. Bot.Gaz. 84. 75 (1927).

Der Saccharosegehalt von Kartoffeln in Beziehung zum Alter und der Vorbehandlung mit flüssiger Luft. Watermann, H.I. Chem. Weekbl. 13. 122 (1915) - Ref. C. 1916. I. 855.

Beitrag zur Kenntnis des Einflusses der Temperatur und Zeit auf den direkt reduzierenden Zucker der rohen Kartoffel bzw. des Kartoffelsaftes. Baudrexel, A. Z.Spiritusind. 37. 225, 238 (1914).

Ein Hinweis auf die Bedeutung des Zuckers in den Knollen der Solanum tuberosum. Butler, O. Bull.Torrey bot.Club 40. 110 (1913).

1185. Sonstige Kartoffelinhaltsstoffe

(S-Verbindungen, Polyphenole, Sterine, Fermente, Geruchs- und Geschmackstoffe, Farbstoffe)

Flüchtige Schwefelverbindungen in Kartoffeln. Gumbmann, M.R. und Burr, H.K. J.agric.Food Chem. 12. 404-08 (1964) - Ref. C. 1966. 6-3022.

Pflanzliche Polyphenole. 1.Mitt. Anthocyanin Erzeugung in kultivierten Kartoffeln. Harborne, J.B. Biochem.J. 74. 262-69 (1960) - Ref. C.A. 54. 7828e (1960).

Veränderungen des Gehaltes an Phenolverbindungen und ihre Verteilung in den Organen der Kartoffelpflanze während des Wachstums. Paschkar, Ss.I. Ber.Akad.Wiss.UdSSR (russ.) 111. 1375-77 (1956) - Ref. C. 1957. 12217.

Isolierung der Sterine der weißen Kartoffel. Schwartz, J.J. und Wall, M.E. J.Amer.chem.Soc. 77. 5442-43 (1955) - Ref. Stärke 8. 234 (1956).

Untersuchungen über die Wirkstoffe - Fermente -in der Kartoffel und die Möglichkeit ihrer Verwendung. Helferich, B. Forschungsber.Wirtschafts- u. Verkehrsministeriums Nordrhein-Westfalen 1953. Nr.42. 47 S.

Über die Geruchs- und Geschmacksstoffe der Kartoffel. Kröner, W. und Wegner, H. Naturwissenschaften 30. 586-87 (1942) - Ref. C. 1943. II. 85.

Über die violetten Farbstoffe der Kartoffel "Negresse". Chimielewska, I. Soc.chim.France,Mém. 3. 1575 (1936).

Über die violetten Farbstoffe der Kartoffel. Chimielewska, I. Roczniki Chem. 15. 491-505 (1935) - Ref. C. 1936. I. 2361.

119. Phosphorverbindungen und weitere Aschebestandteile

(Phosphorsäure, Phytinsäure, Mineralstoffe, Jod, Mangan)

Mögliche Fehlerquellen bei der Bestimmung von organischem Phosphat durch die Isobutanol-Benzol-Extraktion. Walters, E. und Cooper, C. Analyt.Biochem.(New.York) 10. 370-75 (1965) - Ref. C. 1966. 4-1944.

Umwandlungen der Phosphorverbindungen in Kartoffelknollen nach Übergang von Kalt- zur Warmlagerung. Samotus, B. Zeszyty naukowe Wyzszej Szkoly Rolniczej Nr. 11. 51-63 (1964) - Ref. C.A. 62. 13762e (1965).

Eine neue Methode zur Bestimmung von Stärke und an Stärke gebundenem Phosphor in Kartoffeln. Samotus, B. Zeszyty naukowe Wyzszej Szkoły Rolniczej w Krakowie 1964, Nr. 10. 39-54. - Ref. C.A. 62. 16885a (1965), Stärke 17. 169 (1965).

Extraktion und Trennung der Phosphorsäureester aus Pflanzengeweben. Bieleski, R.L. und Young, R.E. Analyt.Biochem. (New York) 6. 54-68 (1963) - Ref. C. 1966. 2-2025.

Untersuchung der Fraktionierung und Reinigung der Phosphorverbindungen der Kartoffelknollen. Samotus, B. Hodowla Roślin Aklimatyzacja i Nasiennictwo 7. 403-28 (1963) - Ref. J.Chem.(russ.) 1964. 21R 313.

Verhalten von Phytaten bei der Bariumfraktionierung von säurelöslichen Phosphorsäureestern aus Kartoffelknollen. Samotus, B. und Schwimmer, S. Analyt.Biochem. (New York) 3. 212 (1962).

Indirekte Bestimmungsmethode von Phytinsäure in reduzierende Substanzen enthaltenden Pflanzenextrakten. Samotus, B. und Schwimmer, S. Biochim.biophysica Acta (Amsterdam) 57. 389 (1962).

Die Phytinsäure als Phosphorreservoir während des Wachstums der Kartoffelknollen. Samotus, B. und Schwimmer, S. Nature (London) 194. 578 (1962).

Mineralstoffe in der Kartoffel. Gericke, S. Kartoffelbau 10. 164-65 (1959).

Untersuchungen über den Mineralstoffgehalt der Kartoffel. Gericke, S. Phosphorsäure 16. 251-61 (1956) - Ref. C. 1958. 581; C.A. 51. 4593i (1957).

Phosphorkomponenten der weißen Kartoffel. Schwimmer, S., Bevenue, A. und Weston, Wm.J. J.agric.Food Chem. 3. 257-60 (1955) - Ref. Stärke 7. 219 (1955), C.A. 49. 9187f (1955), C. 1957. 11455.

Die Verteilung der Phosphorsäure in der Kartoffelknolle. Lauersen, F. Angew.Kochwiss. 4. 91 (1943).

Neue Untersuchungen über den vergleichenden Gehalt an Schwefel, Phosphor und Stickstoff in auf gleichem Boden kultivierten Pflanzen. Bertrand, G. und Silberstein, L. C.R.hebd.Séances Acad. Sci. 203. 1481-83 (1936) - Ref. C. 1937. II. 90.

Über Schwankungen im Gehalt einiger Aschenbestandteile bei unseren Kartoffeln. Steudel, H. Dtsch.med.Wschr. 61. 872 (1935) - Ref. C. 1935. II. 874.

Der Jodgehalt von Kartoffeln. Mc.Clendon, J.F., Barrett, E. und Caniff, Th. Biochem. J. 28. 1209-11 (1934) - Ref. C. 1935. I. 3358.

Über das Vorkommen von Phosphatiden in Kartoffeln, Steckrüben und Wurzeln. Rewald, B. Biochem. Z. 216. 11 (1929).

Über den Magangehalt von Kartoffeln. Bode, G. und Kembd, K. Biochem.Z. 124. 84-89 (1921).

Der Einfluß des Wassers und der Düngung auf die Zusammensetzung der Asche der Kartoffelpflanze. Daszewski, A.v. Dissertation Göttingen 1900.

Über die Zusammensetzung der Asche von Kartoffelknollen. Moser, J. S.-B.Akad.Wiss.Wien math.-naturw.Kl. 11. H.3.667.

Über die Verschiedenheit der Asche in den einzelnen Bestandteilen der Kartoffel. Vogel, A. Buchner's neues Repertor.Pharmac. 15. 1-3 (1866) - Ref. C. 1866. 831-832, W.Ref. 1928.

12. Lagerung und Reinigung der Kartoffel

121. Lagerung und Lagerschäden
122. Reinigung

121. Lagerung und Lagerungsschäden

(Lagerungseinflüsse, Lagerungsveränderungen, auch Fäulnis, Frost, Gamma-Bestrahlung)

Veränderungen der Zusammensetzung von Kartoffeln beim Lagern. Porter, W.L. und Heinze, P.H. Potato Handb. 10. 5-13 (1965) - Ref. C. 1966. 23-3214, Stärke 18. 231 (1966).

Gewichtsverluste und Veränderungen des Stärkegehaltes beim Gefrieren der Kartoffeln. Aleksandrowitsch, G.S. Zucker-Ind.(russ.) 39. 622-25 (1965).

Effektive Dosen für die Bestrahlung von Kartoffeln bei der Lagerung. Kasakow, Je.W. Hochschulnachr.,Nahrungsmittel-Technol.(russ.) 1964. Nr.3. 30-32. - Ref. Stärke 17. 99 (1965).

Kohlenhydratumwandlungen in Kartoffelknollen nach Übergang von Kalt- zur Warmlagerung. Samotus, B. und Pałasiński, M. Zeszyty naukowe Wyzszej Szkoły Rolniczej 1964. Nr. 10, 81-97, - Ref. C.A. 62. 13762f (1965).

Untersuchung der Veränderungen der Viscosität der Stärke bei der Lagerung der Kartoffelknollen. Schulga, A.N. Zucker-Ind.(russ.) 38. Nr.1. 58-61 (1964) - Ref. C. 1965. 16-2983.

Der Einfluß der Lagerung auf die Gesamtlipid- und Fettsäure-Zusammensetzung der Kartoffel. Mondy, N.I., Mattick. L.R. und Owens, E. J.agric.Food Chem. 11. 328-29 (1963) - Ref. C. 1965. 10-2794.

Änderungen im Kohlenhydrat- und Phosphorgehalt von Kartoffelknollen während der Lagerung unter Stickstoff. Samotus, B. und Schwimmer, S. J.Food Sci. 28. 163-67 (1963) - Ref. C. 1965. 9 - 2894.

Überwiegen der Fructose-Ansammlung in kalt gelagerten unreifen Kartoffelknollen. Samotus, B. und Schwimmer, S. J.Food Sci. 27. 1-4 (1962) - Ref. C. 1963. 2661.

Verluste stärkereicher Kartoffeln im Verlaufe der Lagerung. Fischnich, O., Pätzold, C. und Heilinger, F. Kartoffelbau 13. 243-45 (1962).

Das Verhalten der Stärke und der Chlorogensäure bei der technologischen Bearbeitung und Lagerung von Kartoffeln. Diemair, W. und Huck, H. Nahrung 6. 675-87 (1962) - Ref. Stärke 15. 160 (1963), C.A. (B.) 59. 42696 (1963), C. 1964. 16-2741.

Kartoffel-Handbuch. Bd.7. Kartoffellagerung. Potato Association of America, New Brunswick, New Jersey. 80 S. (1962) - Ref. Stärke 14. 443 (1962).

Die Anwendung inoisierender Strahlen zur Regulierung der Ruheperiode der Kartoffeln während der Lagerung. Metlitzki, L.W., Ssalkowa, Je.G., Muchin, E.N., Korablewa, N.P. und Morosowa, N.P. Biochem.Früchte u. Gemüse, Akad.Wiss.UdSSR, Inst.Biochem.(russ.) 7. 5-50 (1962) - Ref. C.A. 57. 17145g (1962).

Die Anwendung keimhemmender und antibiotischer Mittel bei der Kartoffellagerung. Simek, J. Průmysl Potravin 4. 210-11 (1962) - Ref. Stärke 14. 387 (1962).

Anwendung ionisierender Strahlen zur Kontrolle von ruhenden Kartoffelknollen während der Lagerung. 2.Mitt. Rubin, B.A., Melitzki, L.W., Ssalkowa, Je.G., Muchin, E.N., Korablewa, N.P. und Morosowa, N.P. Biochemie Früchte u. Gemüse, Akad.Wiss.UdSSR,Inst. Biochem.(russ.) 1961. Nr.6. 5-57. - Ref. C.A. 57. 10312b (1962).

Anwendung von γ-Strahlen des radioaktiven Kobalts (^{60}Co) bei der Lagerung von Kartoffeln. Kubicki, K. Postepy Nauk rolniczych 8. (13). Nr.2. 13-40 (1961) - Ref. C. 1962. 17249.

Der β-Hemmstoff von lagernden Kartoffelknollen als Hemmstoff für α-Amylase. Hemberg, T. und Larsson, I. Physiol.Plantarum (Copenhagen) 14. 861-67 (1961) - Ref. C. 1962. 12701. C.A. 57. 11543a (1962).

Atmung, Zuckerspiegel und Ascorbinsäure-Gehalt von Kartoffelsorten bei verschiedenen Lagertemperaturen. Effmert, B., Meinl, G. und Vogel, J. Züchter 31. 23-32 (1961) - Ref. C. 1962. 13239.

Einfluß der Lagerungsbedingungen auf die löslichen Zucker in der Kartoffelknolle. Scheffer, F. und Rötzoll, H. Z.Pflanzenernähr., Düng., Bodenkunde 94(139) 125-33 (1961) - Ref. C. 1964. 22-2604.

Die Veränderungen der Inhaltsstoffe von Kartoffeln unter dem Einfluß ionisierender Strahlung. Herrmann, J. Beih.Arch.Tierernähr. 1961. Nr.8. 49-67.

Die Veränderung von Stärke und Chlorogensäure bei der Lagerung und technologischen Bearbeitung von Kartoffeln. Huck, H. Dissertation, Frankfurt/M. 1961.

Die Dynamik der Ascorbinsäure in Kartoffelknollen während der Lagerung im Zusammenhang mit der Polarität. Molotkowsky, G.Ch. und Gamula, M.I. Ukrain.bot.J.(russ.) 17. Nr.6. 28-38 (1960). - Ref. C. 1961. 16688.

Stoffliche Veränderungen der Kartoffelsorte "Ackersegen" in Abhängigkeit von verschiedenen Lagerungstemperaturen. Heilinger, F. und Vliet, W.F. van European Potato J. 3. 182-87 (1960) - Ref. Stärke 13. 96 (1961).

Die Verwendung von Atomenergie für die das ganze Jahr dauernde Lagerung von Kartoffeln. Metlizki, L.W. Konserven- und Trockengemüse-Ind.(russ.) 15. Nr.1. 29-33 (1960).

Anwendung ionisierender Strahlen bei der Lagerung von Kartoffeln. Birecki, M. und Kubicki, K. Postepy Nauk Rolniczych 6. Nr.6. 3-38 (1959) - Ref. C. 1960. 16621.

Einfluß von Transport und Lagerungsbedingungen auf Kartoffeln. Smith, O. In W.F.Talburt: Potato Processing S. 155-86. Avi Publishing Company, Inc., Westport, Conn. 1959.

Einfluß von Chlortetrazyklin auf Keimfähigkeit und Verlust an Trockensubstanz von Kartoffeln bei Lagerung. Smålik, M. und Zelinka, J. Biológia (Bratislava) 14. 703-06 (1959).

Über die Toxizität des bei der Lagerung von Kartoffeln keimhemmenden Mittels Methyl-1-naphtalenacetat. Sporn, A. und Penciu, P. Igiena (Bukarest) 8. 307-14 (1959) - Ref. C.A. 54. 7924a (1960)

Lagerung von mit γ-Strahlen bestrahlten Kartoffeln und Zwiebeln. Blinc, M. Bull.sci. (Yougoslavie) 4. 102 (1959) - Ref. C. 1960. 11143.

Strahlenwirkung auf Lebensmittel. IV.Mitt. Einfluß auf Kartoffeln, frisches Gemüse, Gemüsekonserven, Obst, Marmelade, Wein und Furchtsäfte. Lück, H. und Kohn, R. Dtsch.Lebensmittel-Rdsch. 55. 219-27 (1959) - Ref. C.A. 54. 3781f (1960) - Stärke 13. 64 (1961).

Über den Einfluß von γ-Strahlen auf den Zuckergehalt von Kartoffeln. Burton, W.G., Horne, T. und Powell, D.B. European Potato J. 2. 105-16 (1959).

Einfluß der Lagerung auf den Kohlenhydratgehalt von zwei in Kanada gezüchteten und mit Gamma-Strahlen behandelten Kartoffelsorten. Cloutier, J.A.R., Cox, C.E., Manson, J.M., Clay, M.G. und Johnson, L.E. Food Res. 24. 659-64 (1959) - Ref. C.A. 54. 7923g (1960), Stärke 13. 146 (1961).

Gewisse morphologische und biochemische Veränderungen in γ-bestrahlten Mohrrüben (Daucus carota L.) und Kartoffeln (Solanum tuberrosum L.). Madsen, K.A., Salunkhe, D.K. und Simon, M. Radiat. Res. 10. 48-62 (1959) - Ref. Stärke 13. 96 (1961).

Ein Vergleich der Zweckmäßigkeit von Mieten- und von Scheunenlagerung von Kartoffeln für die Verarbeitung. Gooding, E.G.B. und Tucker, C.G. J.Sci.Food Agric. 9. 448-53 (1959).

Anwendung ionisierender Strahlen für die Konservierung von Kartoffeln. Vidal, P. Ind.agric.aliment. 76. 273-78 (1959) - Ref. C. 1960. 7711.

Veränderungen in der chemischen Zusammensetzung von Kartoffelknollen in Weiß-Rußland während der Lagerung. Shorowin, N.A. Wiss. Schr.bjeloruss.Inst.Volkswirtsch.(russ.) 1959. Nr.5. 213-27. - Ref. C.A. 55. 6722e (1961).

Biochemische Wirkungen von Gamma-Bestrahlung auf Kartoffelknollen. Schwimmer, S., Weston, W.J. und Makower, R.U. Arch.Biochem. Biophysics 75. 425-34 (1958).

Einfluß von ionisierender Strahlung auf Kartoffelknollen. Jaarma, M. Ark.Kemi 13. Nr.8. 97-105 (1958) - Ref. C. 1960. 6199. Stärke 13. 26 (1961).

Vergleich von in Mieten und in Scheunen gelagerten Kartoffeln hinsichtlich ihrer Eignung zur Weiterverarbeitung. Gooding, E.G.B. und Tucker, C.G. J.Sci.Food Agric. 9. 448-54 (1958) - Ref. C. 1962. 5882.

Quantitative Veränderungen des Kohlenhydratgehalts von Kartoffelknollen während der Lagerung. Ganjuschkina, L.G. Wiss.Schr. Karelischen pädagog.Inst. (russ.) 8. 3-10 (1958) - Ref. C.A. 55. 6722 e (1961).

Einwirkung von γ-Strahlung auf Kartoffeln und Zwiebeln während der Lagerung. Grimm, A.I. und Kartushanskii, A.L. Neue physikal. Method. zur Bearbeit.Lebensm.(russ.) 2. 45-50 (1958) - Ref. C.A. 55. 6722d (1961).

Eine Untersuchung der Biochemie bestrahlter unter handelsüblichen Bedingungen gelagerter Kartoffeln. Schreiber, J.S. und Highlands, M.E. Food Res. 23. 464-72 (1958).

Die Anwendung quantitativer papierchromatographischer Serienbestimmungen für Stoffwechseluntersuchungen. Ein Beitr. zum Aminosäure- und Kohlenhydratstoffwechsel d. Kartoffelknolle während d. Lagerung. Raths, J. Dissertation, Berlin 1958. 211 S.

Lagerungseigenschaften von γ-bestrahlten Kartoffeln. Brownell, L.E. Gustafson, F.G., Nehemias, J.V., Isleib, D.R. und Hooker, W.J. Food Technol. 11. 306-12 (1957) - Ref. C. 1960. 1702.

Der Einfluß der Strahlung von ^{60}Co auf die Anfälligkeit von Kartoffelknollen gegenüber Mikroorganismen. Muchin, E.N. und Panassenko, N.P. Ber.Akad.Wiss.UdSSR (russ.) 112. 1209-12 (1957).

Beeinflussung der Kartoffelknolle durch γ-Strahlen radioaktiven Kobalts ^{60}Co). Pätzold, Chr. und Weiss, H.M. Angew.Bot. 31. 93-105 (1957) - Ref. C. 1958. 2181.

Der Einfluß von Röntgenstrahlen auf Kartoffeln, (Solanum tuberosum) und Jerusalem-Artischoken (Helianthus tuberosus). Pätzold, C. und Kolb, W. Beitr.Biol.Pflanzen 33. 437-58 (1957) - Ref. C.A. 51. 18132g (1957).

Vergleich über den Einfluß ionisierender Strahlen und Hitze auf Stärke enthaltende Zellen von Kartoffelknollen. Roberts, E.A. und Proctor, B.E. Food Res. 20. 254-63 (1955) - Ref. C.A. 50. 4380 (1956), C. 1959. 11430.

Die Einwirkung der γ-Bestrahlung auf die Lagerfähigkeit von Kartoffeln. Sawyer, R.L. und Dallyn, S.L. Amer.Potato J. 32. 141-43 (1955) - Ref. C. 1956. 3444.

Eine Methodik zur Verarbeitung gefrorener Kartoffeln. Grjasnow, M.M. Arb.zentr.wiss.Forsch.-Inst.Stärke- u. Stärkesirup-Ind.(russ.) 2. 86-103 (1955).

Kartoffellagerung und γ-Strahlung. Evans, J. Atomics 6. 47-51 (1955) - Ref. C. 1955. 4724.

Verluste im Kartoffelgewicht bei der Lagerung. Korshujew, D.A. Spirituosen-Ind.(russ.) 21. Nr.2. 12-15 (1955) - Ref. C. 1956. 8502.

Physiologische und morphologische Untersuchungen an Kartoffelpflanzen. 9.Mitt. Untersuchungen über den Stickstoffwechsel in Kartoffeln während der Lagerung. Tagawa, T. und Okazawa, Y. J.Fac.Agric.,Hokkaido Univ. 50. 65-73 (1955) - Ref. C. 1958. 4830.

Anhäufung von Zuckerarten in Kartoffeln bei Kaltlagerung. Kapur, N. S., Mathur, P.B. und Singh, K.K. Bull,centr.Food.technol.Res. Inst.Mysore 2. 42-43 (1952) - Ref. C. 1956. 2330.

Veränderungen im spezifischen Gewicht, im Stärkegehalt und bei der Schale von Kartoffeln während der Lagerung. Whittenberger, R.T. Amer.Potato J. 28. 738-47 (1951) - Ref. C. 1953. 8736.

Kartoffellagerung: Einfluß auf die Kleisterviscosität der Stärke. Nutting, G.C. und Whittenberger, R.T. Amer.Potato J. 26. 121-26 (1949).

Einwirkung der Lagerung auf Stärke- und Zuckergehalt bei Kartoffeln. Treadway, R.H., Walsh, M.D. und Osborne, M.F. Amer.Potato J. 26. 33-44 (1949) - Ref. C.A. 46. 7247h (1952).

Untersuchungen über die Haltbarkeit verschiedener Kartoffelsorten während der Lagerung bei hoher Temperatur und hoher relativer Luftfeuchtigkeit. Stille, B. Dtsch.Lebensmittel-Rdsch. 44. 237 (1948).

Die Anwendung von Wuchsstoffen bei der Lagerung von Kartoffeln. Stuivenberg, I.H.M. von Landbouwkund.Tijdschr. 55. 518-532 (1943) - Ref. C. 1944. I. 659.

Der Einfluß der Lagerung auf die Stärkekörner der Kartoffelknolle. Völksen, W. Landwirtsch. Jb. 92. 510-28. (1943). - Ref. C. 1943. II. 188.

Lagerungsversuche mit Kartoffeln mit besonderer Berücksichtigung der Kaltlagerung. Kiermeier, F. und Krumbholz, G. Vorratspflege u. Lebensmittelforsch. 5. 1. (1942) Kältetech.Anz. 16. 46 (1941) - Ref. C. 1941. II. 1802.

Über die Bestimmung der Gewichtsverluste von Kartoffeln und Stärke beim Gefrieren und Auftauen der Knollen. Korshujew, D. Branntwein-Ind.(russ.) 16. Nr.11. 21-22 (1939) - Ref. C. 1940. II. 967.

Einwirkung einer vorhergehenden kalten Lagerung auf die Atmung der Gemüse bei höheren Temperaturen. Appleman, C.O. und Smith, L.L. J.agric.Res. 53. 557 (1936).

Über die Veränderungen der chemischen Zusammensetzung der Kartoffel während der Winterlagerung. Erdös, L. Z.Unters.Lebensmittel 67. 198 (1934) - Ref. C. 1934. I. 2841.

Veränderung in der Zusammensetzung der Kartoffel während der Winterlagerung. Erdös, L. Mezögazdasagi-Kutatasok 7. 171-76 (1934) - Ref. C. 1935. I. 491.

Untersuchungen über den Einfluß der Ernährung auf Empfänglichkeit der Kartoffelknolle für Lagerparasiten und die Änderungen des enzymatischen Stoffwechselverlaufes während der Lagerung. Fehmi, S. Phytopathol.Z. 6. 543 (1933).

Quantitative Untersuchungen über die Nährstoffverluste bei der Lagerung von Kartoffeln etc. in Miete und Keller. Kirsch, W. und Jantzon, H. Biedermann's Zbl.Agrikulturchem.ration.Landwirtschaftsbetrieb, Abt.B. 4. 240-48(1932) - Ref. C. 1932. II. 458.

Über die Veränderungen der chemischen Zusammensetzung der Kartoffel während der Lagerung, unter besonderer Berücksichtigung von Düngung, Sorte und Temperatur. Ertel, H. Landwirtsch. Jb. 75. 669 (1932).

Über die Veränderung der physikalisch-chemischen Eigenschaften der Kartoffel während der Winterlagerung. Strash, R.G. und Mjatzelski, T.I. Sapiski Belaruskai Dsjarshaunai Akademii sselskae i ljaassnoe Gaspardarki 11. 63-73 (1930) - Ref. C. 1932. I. 3123.

Form und Gewichtsveränderungen von Kartoffelknollen während der Lagerung. Greisenegger, J.K. und Neudecker. Fortschr.Landwirtschaft 4. 473 (1929).

Physiologische Verluste bei Kartoffeln bei der Lagerung. Appleman, C.O., Kimbrough, W.D. u. Smith, C.L. Maryland agric.Exp.Stat. Bull. 303. 159 (1928).

Kartoffel-Desinfektionsmittel und Anlegung von Kartoffelmieten. Crüger Georgine 104. Nr.73 (1927).

Lagerhaus für Kartoffeln. Goslich, W. Z.Spiritusind. 42. 25 (1919).

Kartoffellagerungsversuche. Nagel Z.Spiritusind. 41. 463 (1918).

Landwirtschaftliche Verwendung gefrorener und verfaulter Kartoffeln. Ducomet, H. C.R.hebd.Séances Acad.Agric.France 3. 716-18 (1918) - Ref. C.A. 12. 1708 (1918) , W.Ref. 2121.

Die Wirkung von Frost und Fäulnis auf die Stärke in Kartoffeln. Edson, H.E. J.ind.Engng.Chem. 10. 725-26. (1918) - Ref. C. 1919. II. 600.

Verwertung verdorbener Kartoffeln als Futter und technisches Rohmaterial. (Auszug). Wehmer,C. Chemiker-Ztg. 40. 1073 (1916) - Ref. W.Ref. 2328.

Ergebnisse der Aufbewahrung von Kartoffeln in Mieten und im Kühlhause. Eckenbrecher, C.v. Z.Spiritusind. Erg.-Heft 2. 1-14 (1912) - Ref. C. 1912. I. 1924.

Über die Verluste der Kartoffeln beim Aufbewahren. Feilitzen, H.v. Dtsch.landwirtsch.Presse 32. 455 (1905).

Wodurch läßt sich der Verlust an Stärke in den Kartoffeln gegen das Frühjahr hin vermindern? Heinzelmann, G. Z.Spiritusind. 27. 76 (1904).

Biologie des Einmietens und Einkellerns von Kartoffeln, Rüben und Gemüsen. Appel, O. Hdb.der techn.Mykologie Bd.2 von F.Lafar. Jena 1907.

Untersuchungen über das Einmieten der Kartoffeln. Appel, O. Arb. biol.Reichsanst.Land-u.Forstwirtsch. 2. 373 (1902).

Die Konservierung von Kartoffeln. (Auszug). Paulsen, W. J.Soc. chem.Ind. 15. 665 (1896) - Ref. W.Ref. 2048.

Über die Veränderungen der Kartoffel beim Lagern. Saare, O. Z. Spiritusind. 18. 249 (1885).

Über die Aufbewahrung angefrorener Kartoffeln. Fittbogen, J. Dingler's polytechn.J. 255. 45-46 (1885) - Ref. W.Ref. 2026.

Die chemischen Veränderungen der Kartoffel beim Frieren und Faulen. Czubata, H. Biedermann's Zbl. Agrikulturchem.ration.Landwirtschaftsbetrieb 9. 472 (1880).

Verwerthung naßfauler Kartoffeln. Reinke, J. und Berthold, G. Dingler's polytechn.J. 235. 167 (1880) - Ref. W.Ref. 2014.

Die Zersetzung der Kartoffel durch Pilze. Reinke, J. und Berthold, G. Unters.bot.Lab.Univ.Göttingen 1879. 1.

122. Reinigung

Untersuchung des Vorganges der Kartoffelwaschung in der Rüttelwaschmaschine. Pasiruk, K.I. Arb.zentr.wiss.Forsch.-Inst.Stärke- u. Stärkesirup-Ind.(russ.) 6. 62-76 (1963).

Rütteltrommel - Kartoffelwaschmaschine. Pasiruk, K.I. Stärke 13. 413-16 (1961).

Kartoffel-Waschanlagen in europäischer Sicht. Hacke, F. Kartoffelbau 10. 178-79 (1959).

Verfahren und Vorrichtung zum Waschen von Kartoffeln. Carl, J. D.A.S. 1 019 620 Kl.89a vom 25/7. 1956, veröff. 14/11. 1957.

Die Kartoffelwaschmaschine KM-25. Dwornyj, G.A. Arb.zentr.wiss. Forsch.-Inst.Stärke- u. Stärkesirup-Ind. (russ.) 2. 78-85 (1955).

Verfahren und Vorrichtung zum Waschen von Kartoffeln. Carl, J. D.A.S. 1 015 750 Kl.89a vom 4/7.1955, veröff. 12/9.1957.

Flotationsprozess zur Entfernung von Steinen etc. aus Kartoffel- und anderen Wurzelernten. Goument, V.O. E.P. 717 449 ausg. 11/8. 1952.

Transporteur für Kartoffeln oder Ähnlichem. Nilsson, A.R. Schwed. P. 143 025 Kl.89a vom 2/1. 1952, ausg. 17/11. 1953.

Schwemmrinne für Kartoffeln. Larsson, G. Schwed.P. 127 282 Kl.89a vom 18/7. 1947, ausg. 24/1. 1950.

Anordnung für den gleichmäßigen Transport von Kartoffeln zum Waschen, Reiben und ähnl. in Stärkefabriken. Olsson, R. Schwed. P. 106 062 Kl.89k vom 27/9. 1941, ausg. 1/12. 1942.

Die Reinigung der Kartoffeln in den Stärkefabriken. Kröner, W. und Witt, F. Z.Spiritusind. 63. 125-26 (1940).

Kartoffelwaschversuche. Vincent, C.L. und Garver, H.L. State Coll. Washington.Agric.Exp.Bull.Nr. 332. 21 Seiten (1936) - Ref. C. 1937. I. 3730.

Theoretisches und Praktisches über Schwemmrinnen. Sprockhoff, M. Z.Spiritusind. 45. 163 (1922).

Kartoffelwäsche. Ludwig. Z.Spiritusind. 29. 135 (1906).

Reinigung und Transport der Kartoffeln durch Schwemme und Kratze in Kartoffelstärke-Fabriken. Saare, O. Z.Spiritusind. 25. 54-55 (1902).

13. Kartoffelzerkleinerung und Auswaschen der Stärke
131. Kartoffelzerkleinerung (Reibsel)
132. Auswaschen der Stärke
133. Stärkeauswaschapparate und Siebe, Patente

131. Kartoffelzerkleinerung (Reibsel)

(Vgl. auch "Pülpeuntersuchung": 193)

Schlagmühlen ergeben eine bessere Stärkeausbeute. Adams, H. und Felix, J. Food Engng. 35. 47 (1963).

Reserven der Stärkeindustrie. Denissow, F.F. Zucker-Ind.(russ.) 1963. Nr.4. 61-62. - Ref.J.Chem.(russ.) 1963. 20 R 284.

Die Zerkleinerung der Kartoffel und das Auswaschen des Reibsel. Kumazawa, A. J.technol.Soc.Starch (Japan) 8. 28-30 (1960) - Ref. J.Chem.(russ.) 1961. 24 N316.

Behandlung von Naßstärke in einer Schlagmühle. Corn Products Co. (Erfinder: Dowie, D.W. und Martin, H.D.). A.P. 3 029 169 vom 24/11. 1958., ausg. 10/4. 1962. - Ref. C.A. 57. 3684d (1962), Ref.J.(russ.) 1963. 13 R 277.

Der Einfluß der Zerkleinerung auf die Stärkeausbeute. Sato, T., Kamata, M., Yamazaki, A., Ono, M., Arashi, M. und Suzuki, Y. J. technol.Soc.Starch (Japan) 1. Nr.2. 40-49 (1953).

Einrichtung für das mechanische Aufschließen von Zellen von pflanzlichem und tierischem Material. N.V. Aardappelmeelfabriek "Onder Ons", Groeneveld, R. und N.V. Nederlandsch Technisch Bureau voor Ontwikkeling der Industrie. Holl.P. 79 377 Kl.89k vom 12/8. 1952, ausg. 15/10. 1955.

Rotor für ein Mahlwerk z.B. für Kartoffelreibsel. Holthuis, Th. H. Holl.P. 79 771 Kl.89k vom 23/4. 1951, ausg. 15/11. 1955.

Trommelreibe zum Mahlen von stärkehaltigen Stoffen. Nationale Zetmeelindustrie N.V. (Erfinder: O.O. Meijer). D.R.P. 737 795 Kl. 89k vom 26/7. 1940. ausg. 24/7. 1943.

Raspeltrommel für das Mahlen von nassem und trockenem Material. Nationale Zetmeelindustrie N.V. (Erfinder: Meijer, O.O.) Schwed. P. 140 878 Kl.89k vom 4/3. 1940, ausg. 16/6. 1953. Holl.Prior. vom 4/3. 1939.

Über die Lagerung und Verarbeitung von geriebenen Kartoffeln. Pliss, A. und Zurpakow, S. Spiritus-Ind.(russ.) 13. Nr.9. 29-31 (1936). - Ref. C. 1937. I. 3884.

Mahlsteine und ihre Verwendung bei der Fabrikation von Kartoffelstärke. Z.Spiritusind. 56. 148-49, 155-56 (1953).

Das Zerkleinern der Kartoffeln und Auswaschen des Reibsel in der Stärkefabrik. Engelmann, F. Z.Spiritusind. 51. 325-26 (1928).

Über die Reibselzerkleinerung in der Kartoffelstärkefabrikation. Sprockhoff, M. Z.Spiritusind. 51. 219 (1928).

Über die Reibselzerkleinerung in der Kartoffelstärkefabrikation. Sprockhoff, M. Z.Spiritusind. 51. 207 (1928).

Über die Nachreibe als Zerkleinerungsapparat in Kartoffelstärkefabriken. Stirnus, A. Z.Spiritusind. 51. 207-08. (1928) - Ref. C. 1929. I. 1520.

Über die Reibselzerkleinerung in der Kartoffelstärkefabrikation. Sprockhoff. Z.Spiritusind. 51. 180-81. 188. (1928) - Ref. C. 1929. I. 1520.

Bearbeitung von Kartoffeln bei der Stärkegewinnung. Maschinenbau-Anstalt Humboldt D.R.P. 441 911 Kl.89k vom 20/2. 1925, ausg. 15/3. 1927. - Ref. C. 1927. I. 2613.

Die wirtschaftlichen Nachteile einer ungenügenden Zerkleinerung der Kartoffel und einer mangelhaften Leistung der Auswaschapparate. Parow, E. Z.Spiritusind. 42. 117. (1919) - Ref. C. 1919. II. 857.

Die wirtschaftlichen Nachteile einer ungenügenden Zerkleinerung der Kartoffeln und einer mangelhaften Leistung der Auswaschapparate. Parow, E. Z.Spiritusind. 42. 85. (1919) - Ref. C. 1919. II. 676.

Die Nachzerkleinerungsmühle "Monarch" für Stärkefabrikation. Parow, E. Z.Spiritusind. 34. 501-02 (1911).

Die Leistungsfähigkeit von Zerkleinerungs- und Auswaschapparaten in der Kartoffelstärkefabrikation. Parow, E. Z.Spiritusind. 32. 311-312 (1909) - W.Ref. 2305.

Verfahren und Vorrichtung zur Nachzerkleinerung von Kartoffelreibsel, Maismaische o. dgl. Bing, F. D.R.P. 195 035 Kl.89k vom 12/5. 1907. ausg. 6/2. 1908.

Breimühle als Nachzerkleinerungsmaschine für die Stärkefabrikation. Martens, J. D.R.P. 189 020 Kl.89k vom 9/2. 1907, ausg. 12/9. 1907.

Über die Frage: "Doppelreibe- oder Nachzerkleinerungsvorrichtung?". Z.Spiritusind. 29. 455 (1906).

Wasserzuführung an Reibmaschinen für Kartoffeln und dgl. Malinsky, F. und Prokop, Jar. D.R.P. 111 293 Kl.89k vom 11/6. 1899, ausg. 15/6. 1900.

Nachreibe. Wenke, R. D.R.P. 85 331 Kl.89k vom 1/3. 1895, ausg. 6/2. 1896.

Die Leistung der Compound-Reibe von H. Schmidt-Güstrin. Saare, O. Z.Spiritusind. 12. 157-158 (1889) - W.Ref. 2238.

Compoundreibe für Kartoffelstärkefabriken. Schmidt, H. D.R.P. 45 284 Kl.89k vom 12/5. 1888, ausg. 16/11. 1888.

Die Reibvorrichtungen in den Stärkefabriken. Saare, O. Z.Spiritusind. 9. 200-203 (1886) - Ref. W. Ref. 2224.

Mühle zum Zerkleinern von Mais und anderen Körnern, sowie von Kartoffelreibsel für die Stärkefabrikation. Uhland, W.H. D.R.P. 36 250 Kl.89k vom 15/1. 1886, ausg. 24/7. 1886.

Neuerung an Reiben für Kartoffeln u.dgl. zur Stärkegewinnung. Uhland, W.H. D.R.P. 37 231 Kl.89k vom 15/1. 1886, ausg. 9/10. 1886.

Die Champonnois'sche Reibe für Kartoffeln und Runkelrüben. Dingler's polytechn. J. 186. 193-195, 351-358 (1867) - Ref. W.Ref. 2194.

132. Auswaschen der Stärke

(Vgl. auch "Kartoffelfruchtwasser": 182, "Pülpe": 183, "Pülpeuntersuchung": 193)

Auswahl von Gewebesieben für die Kartoffelstärkegewinnung nach verschiedenen Verfahren. Lischanin, P.Je. Zucker-Ind.(russ.) 39. 388-89 (1965).

Zur Abtrennung des Zellsaftes aus Kartoffelreibsel bei der Zentrifugierung. Pasiruk, K.I. und Pewsner, G.M. Zucker-Ind.(russ.) 38. Nr.10. 779-88 (1964) - Ref. C. 1965. 29-2948. Ref.J.Chem. (russ.) 1965. 8 R313.

Neue Betriebserfahrungen mit dem Strahlauswascher in der Kartoffelstärke-Industrie. Lock, R. und Fritze, H. Stärke 14. 253-55 (1962) - Ref. C. 1963. 6049. Ref.J.Chem.(russ.) 1963. 5 R285.

Das Bogensieb und seine Anwendung in der Stärkeindustrie. Wal, G.J. van der Stärke 10. 277-84 (1958) - Ref. C. 1959. 15521. C.A. 53. 9706d (1959).

Fortschritte im Einsatz der Rinnenschleuder als Schlammschleuder in der Kartoffel- und Wurzelstärkeindustrie. Heder, Erhard Stärke 9. 165-67 (1957) - Ref. C. 1958. 11678.

Moderne Apparatur zum Auswaschen von Stärke aus Kartoffelpülpe. Brzyski, W. Przemysł spozywczy 11. 379-82 (1957)- Ref. C.A. 52. 2437c (1958)

Erfahrungen mit dem Strahlenauswascher in der Stärkeindustrie. 1. Mitt. Kartoffelstärke- und Maisstärkeindustrie. Kempf, W. Stärke 9. 167-172 (1957) - Ref. C. 1958. 11678.

Erfahrungen mit dem Strahlauswascher. Schmidt, H.D. Stärke 8. 150-54 (1956).

Stärkeextraktion aus Kartoffeln.(Pülpe). Bielicki, W. Przemysł Spozywczy 9. 273-75 (1955) - Ref. C. 1958. 6411, C.A. 52. 10619a (1958).

Erfahrungen mit dem Roto-Sieb in der Kartoffelstärkeindustrie. Grunewald, A. Stärke 6. 156-59 (1954) - Ref. C. 1955. 4474.

Versuche mit der Starcosa-Rinnenschleuder RT3, einer Neukonstruktion für die Kartoffelstärke-Industrie. Lindemann, E. Stärke 2. 202-05 (1950).

Zur Entwicklung der Siebe und Auswaschapparate in der Kartoffelstärkefabrikation. Kröner, W. Z.Spiritusind. 67. Nr.40/43. 1-2 (1944) - Ref. C. 1945. II. 83.

Betrachtungen über den Auswaschvorgang der Stärke aus dem Kartoffelbrei. Sprockhoff, M. Z.Spiritusind. 53. 119-20. (1930) - Ref. C. 1930. II. 483.

133. Stärkeauswaschapparate und Siebe, Patente

(Auswäschen aus Mahlgut, Abtrennung von Fasern, Gewinnung von Stärkemilch)

Eine Methode zur Verarbeitung von Reibsel enthaltender Stärkemilch. Okubo, T. Japan.P. 23 699 (61') ausg. 14/12. 1961. - Ref.J. Chem.(russ.) 1962. 18 N 287.

Trennung von Stärke und Fasern. Stamicarbon N.V. (Erfinder: Jansma, W.) Holl.P. 96 436 ausg. 15/12. 1960. - Ref. C.A. 55. 19290a (1961). Ref.J.Chem.(russ.) 1961. 24 N 327.

Eine Vorrichtung zum Auswaschen der Stärke aus der Pülpe. Schmiedel, L. Tschechosl.P. 90 670 ausg. 15/6. 1959. - Ref.J.Chem. (russ.) 1962. 5 N 354.

Verfahren zur Trennung von Stärkekörnern und Faserteilen aus einer Pülpe, welche man z.B. durch Zerreiben von Samen, Knollen und Früchten mittels einer für diesen Zweck hergestellten Vorrichtung gewinnt. Stamicarbon, N.V. Poln.P. 43 039 Kl.89k vom 20/4. 1959, ausg. 11/6. 1960. Holl.Prior. vom 23/4. 1958.

Filtrationsverfahren für Stärke. Anheuser-Busch, Inc. (Erfinder: Pollock, G.E. jr., Jett, H.A., Gerwitz, T. und Scallet, B.A.) A.P. 2 913 359 vom 17/11. 1959, id.mit E.P. 868 901. - Ref.J. Chem.(russ.) 1961. Nr. 4 N 298. C. 1961. 5635. C.A. 55. 24062h (1961).

Verfahren und Vorrichtung zum Sieben von Stärkemilch. Starcosa Maschinen- und Apparatebau G.m.b.H. (Erfinder: Schmiedel, L) D.A.S. 1 019 260 Kl.89k vom 9/1. 1957, veröff. 7/11. 1957. Zusatz zu D.B.P. 963 590. - Ref. Stärke 10. 22 (1958).

Einrichtung zum Aufschwemmen und Auswaschen von Mahlgut, d.h. zerkleinertem Rohstoff für die Stärkegewinnung. Starcosa Maschinen- und Apparatebau GmbH. (Erfinder: Schmiedel, L.) D.P. (DDR) 15 634 Kl.89k vom 18/12. 1956, ausg. 21/10. 1958. Zusatz zu DP. 14 450 vom 20/12. 1955. (Ausschließungspatent).

Vorrichtung zum Auswaschen der Stärke aus Mahlgut. Starcosa Maschinen- und Apparatebau G.m.b.H. Poln.P. 40 992 Kl.89k vom 14/12. 1956, ausg. 1/4. 1958. Zusatz zum Poln.P. 40 784. D.Prior. vom 9/1. 1956.

Vorrichtung zum Auswaschen von Stärke aus Mahlgut. Starcosa Maschinen- und Apparatebau G.m.b.H. Poln.P. 40 784 Kl.89k vom 28/6. 1956, ausg. 30/5. 1958. D.Prior. vom 5/12. 1955.

Trennung eines Faser-Stärkegemisches. N.V. Stijfselen Glucosefabriek "Sas van Gent". F.P. 1 206 619 vom 6/4. 1956., ausg. 10/2. 1960. Holl.Prior. 7/4. 1955. id. mit Belg. P. 546 647. - Ref. C. 1961. 12297.

Einrichtung zum Auswaschen von Mahlgut. Starcosa Maschinen- und Apparatebau G.m.b.H. (Erfinder: Schmiedel, L.) D.A.S. 1 010 920 Kl.89k vom 2/2. 1956, ausg. 19/6. 1957. Zusatz zu D.B.P. 963 590 - Ref. Stärke 9. 183 (1957), 10. 183 (1958).

Verfahren zum Auswaschen von Stärke aus feinverteiltem Rohmaterial zur Stärkegewinnung. Starcosa Maschinen- und Apparatebau G.m.b.H. (Erfinder: Schmiedel, L.) Schwed.P. 164 572 Kl.89k vom 28/12. 1955, ausg. 2/9. 1958. D.Prior. vom 6/1. und 4/7. 1955.

Umlaufende Auswaschmaschine. Starcosa Maschinen- und Apparatebau GmbH. (Erfinder: Schmiedel, L.) DP (DDR) 14 450 Kl.89k vom 20/12. 1955, ausg. 22/3. 1958 Dtsch. Ausschließungspatent.

Einrichtung zum Auswaschen von Mahlgut. Starcosa Maschinen- und Apparatebau G.m.b.H. (Erfinder: Schmiedel, L.) D.B.P. 1 018 360 Kl.89k vom 5/12. 1955, ausg. 10/4. 1958. Zusatz zu D.B.P. 963 590. - Ref. Stärke 10. 262 (1958).

Einrichtung zum Auswaschen von Stärke aus dem Mahlgut. Starcosa Maschinen- und Apparatebau GmbH. übert. v.: Schmiedel, L. D.B.P. 963 590 Kl.89k vom 7/1. 1955, ausg. 9/5. 1957. - Ref. Stärke 9. 184 (1957) , C.A. 53. 14560d (1959).

Rotierende Auswaschmaschine. Starcosa Maschinen- und Apparatebau G.m.b.H. (Erfinder: Schmiedel, L.) Schwed. P. 168 029 Kl.89k vom 17/2. 1955, ausg. 4/8. 1959. D.Prior. vom 24/5. 1954.

Einrichtung zum Aufschwemmen, Auswaschen und Fördern von Mahlgut. Starcosa Maschinen- und Apparatebau GmbH. (Erfinder Schmiedel, L.) D.B.P. 937 100 Kl.89k vom 25/5. 1954, ausg. 18/10. 1956.

Verfahren und Zentrifugalauswascher zum Auswaschen von Fasersubstanzen aus zerkleinerten Rohstoffen für die Stärkegewinnung. Starcosa Maschinen- und Apparatebau GmbH. (L.Schmiedel) D.B.P. 922 640 Kl.89k vom 14/7. 1953, ausg. 20/1. 1955. - Ref. Stärke 6. 309 (1954) , C. 1955. 4954, C.A. 51. 18665g (1957).

Verfahren zur Verarbeitung eines dünnen Breis, der bei der Gewinnung von Stärke aus Naturprodukten erhalten wird. Mij. voor Kolenbewerking Stamicarbon N.V. (Erfinder: Hage, P.W.) D.B.P. 929 119 Kl.89k 6/9. 1952, ausg. 11/7. 1955, Holl.Prior. 5/9. 1951. - Ref. Stärke 7. 189 (1955).

Verfahren und Vorrichtung zum Trennen von Kartoffelbrei in Fasern einerseits und Stärkemehl mit Flüssigkeit andererseits. Boogaard, M., D.B.P. 916 640 Kl.89k vom 20/9. 1952, ausg. 12/8. 1954 - Ref. Stärke 6. 228 (1954).

Trennung von Kartoffelpülpe in Fasern und Stärke. Boogaard, M. E.P. 709 890 vom 14/10. 1952.

Verfahren für die Trennung von Kartoffelreibsel in Fasern und Stärkemilch und Einrichtung für das Ausführen dieses Verfahrens. Boogaard, M. Holl.P. 73 805 Kl.89k vom 25/9. 1951, ausg. 15/1. 1954.

Vorrichtung zur Trennung, insbesondere von Kartoffelpülpe, zwecks Stärkegewinnung. "Luban-Wronki" Przemysl Ziemniaczany (Erfinder: Lisiecki, J.., Lukaszewicz, H. , Cieczkowski, A., und Nowicki, B.we Wronkach). Poln.P. 35 417 Kl.89k vom 2/6. 1951, ausg. 7/10. 1953.

Abtrennung der Fasern aus der Stärkemilch. Füllgrabe, A. (Anm.: E. Schroers & Co. D.B.P. 845 630 v. 13/9. 1950, ausg. 4/8. 1952. - Ref. Stärke 4. 267 (1952).

Einrichtung für das Trennen von Stoffen durch Sieben und Verfahren für das Abtennen von Fasern aus einer Kartoffelmehlsuspension sowie Anwendung der Einrichtung. Van der Mark, K., und N.V. Duintjer Wilkens Meihuizen & Co. Holl.P. 67 751 Kl.89k vom 8/6. 1949, ausg. 16/4. 1951.

Verfahren für das kontinuierliche Auswaschen von körnförmigen Stoffen aus pflanzlichen Produkten. Bäckman, A.W. und Ewertz, G. Holl.P. 66 120 Kl.89k vom 13/12. 1947, ausg. 15/7. 1950. Schwed. Prior. vom 12/8. 1946.

Verfahren für die Gewinnung von Stärke aus Kartoffeln und anderem pflanzlichem Material, wobei die Stärke durch ein rotierendes Filter abgetrennt wird. Svenska Jästfabriks AB Holl.P. 62 660 Kl.89k vom 29/3. 1946, ausg. 15/3. 1949, Schwed. Prior. vom 27/3. 1945.

Gewinnung von Stärkemilch aus zerkleinertem stärkehaltigem Material. Leipziger Maschinenbau Gesellschaft W. Uhland u. Co. F.P. 905 378 vom 26/6. 1944, ausg. 3/12. 1945 D.Prior. 14/5. 1942. - Ref. C. 1946. I. 562.

Gewinnung von Stärkemilch. Starcosa Maschinen- & Apparatebau GmbH. (Erfinder: Schmiedel, L.) D.B.P. 895 730 Kl.89k vom 15/5. 1942, ausg. 14/12. 1953. - Ref. C. 1954. 3824 Stärke 6. 113 (1954).

Verfahren zur Extraktion von Stärke durch Auswaschen aus stärkehaltigem Raspelbrei und Anweisung zur Ausführung dieses Verfahrens. Jahn & Co. F.P. 837 242 vom 28/4. 1938, ausg. 6/2. 1939.

Vorrichtung zum Auswaschen von Stärkereibsel. Jahn & Co. Maschinenbauanstalt, Eisengießerei u. Kesselschmiede D.R.P. 567 534 Kl.89k vom 12/6. 1930, ausg. 12/1. 1933.

Einrichtung zum Abtrennen von Stärke aus stärkehaltigen Stoffen durch Auswaschen. Riemann, O. A.P.1 798 811 vom 24/8. 1928, ausg. 31/3. 1931. D.Prior. 26/11. 1927. - Ref. C. 1931. II. 148

Apparat zum Auswaschen der Stärke aus stärkehaltigen Früchten. Riemann, O. D.R.P. 514 077 Kl.89k vom 27/11. 1927, ausg. 8/12. 1930.

Verfahren zur Scheidung von Stärke, Rückständen und Frucht- bzw. Waschwasser. Uhland, W.H. G.m.b.H. D.R.P. 508 149 Kl.89k. vom 4/4. 1926, ausg. 24/9. 1930. - Ref. C. 1930. II. 2844.

Verfahren zur Gewinnung von Kartoffelstärke, durch Auswaschen und Sammeln der Stärkekörner aus zerstossenen Kartoffeln. Magyar Vegyiipar Gépgyár. Ung.P. 88 257 vom 16/2. 1924, ausg. 3/11. 1930. - Ref. C. 1932. I. 301.

Gewinnung von Stärke aus Kartoffelbrei. Kuers, F. D.R.P. 401 351 Kl.89k vom 28/9. 1923, ausg. 2/9. 1924. - Ref. C. 1924. II. 2300.

Vorrichtung zum Auswaschen von Stärke aus Kartoffelreibsel, Maismaische o.dgl. Bing, F. D.R.P. 364 158 vom 8/11. 1922, ausg. 17/11. 1922. - Ref. C. 1923. II. 197.

Apparat zum Auswaschen von zerkleinertem stärkehaltigem Rohmaterial. Uhland, W.H. G.m.b.H., D.R.P. 286 595 Kl.89k vom 6/5. 1914, ausg. 16/8. 1915.

Auswasch- u. Raffinier-Zylindersieb für Stärke. Aston, S.Maschinenfabrik u. Eisengießerei Burg D.R.P. 256 284 Kl.89k vom 27/1. 1912, ausg. 6/2. 1913.

Apparat zum Auswaschen von Kartoffelreibsel u.dgl. unter Benutzung mehrerer Siebmulden. Quaschning, W. D.R.P. 253 750 Kl.89k vom 15/3. 1912, ausg. 16/11. 1912.

Apparat zum Auswaschen von zerkleinertem stärkehaltigem Rohmaterial. Uhland, W.H., D.R.P. 267 199 Kl.89k vom 29/6. 1911, ausg. 14/11. 1913.

Stärkeauswaschapparat. Wagner, A., Küstrin-Neustadt D.R.P. 237 598 Kl.89k vom 13/2. 1910, ausg. 24/8. 1911.

Verfahren und Vorrichtung zur Gewinnung von Stärke aus Reibsel von Kartoffeln und dgl. Tryller, H. D.R.P. 242 168 Kl.89k vom 21/9. 1910, ausg. 27/12. 1911.

Verfahren zum Auswaschen von Stärkereibsel. Jahn-Kommandit-Gesellschaft, Maschinenbau-Anstalt Eisengießerei u. Kesselschmiede, Arnswald D.R.P. 209 500 Kl.89k vom 15/8. 1908, ausg. 8/5. 1909.

Apparat zum Auswaschen der Stärke aus Kartoffelreibsel, Maismaische o.dgl. Bing, F. D.R.P. 182 350 Kl.89k vom 11/8. 1906, ausg. 21/3. 1907.

Verfahren zur Entfernung des Fruchtwassers aus Kartoffelreibsel zwecks Stärkegewinnung. Goldschmidt, R. und Hasek, J. D.R.P. 166 778 Kl.89k vom 24/3. 1903, ausg. 22/12. 1905. - Ref. C. 1906. I. 724.

Siebeinrichtung zum Auswaschen der Stärke aus stärkehaltigen Materialien. Uhland, W.H., D.R.P. 159 351 Kl.89k vom 17/12. 03, ausg. 8/4. 1905.

Verfahren zur Reinhaltung der in der Kartoffelstärkefabrikation und Spiritusindustrie gebräuchlichen Auswaschsiebe. Ruprecht,O. D.R.P. 114 095 Kl.89k vom 11/5. 1899, ausg. 20/7. 1900.

Siebmaschine für Hefe, Stärke und dgl. Prollius, H. und Zeidler,G. D.R.P. 60 538 Kl.6a vom 30/1. 1891, ausg. 13/1. 1892.

Neuerung an Apparaten zum Sieben und Filtrieren. Fischer, J., D.R.P. 59 043 Kl.89k vom 16/7. 1886, ausg. 19/5. 1887.

Neuerung an Apparaten zum Sieben und Filtrieren. Fischer, J., D.R.P. 38 397 Kl.89k vom 21/3. 1886, ausg. 20/1. 1887.

Vorrichtung zum Reinigen der Filterkammern an Apparaten zum Sieben von Hefe, Stärke u.dergl., sowie zum Filtrieren von Flüssigkeiten. Fischer, J. D.R.P. 36 956 Kl.89k vom 29/7. 1885, ausg. 20/9. 1886.

Neuerung an einem Siebapparat zur Stärkefabrikation. Wagner, L. und Gillitzer, A., D.R.P. 33 065 Kl.89k, vom 8/7. 1884, ausg. 21/9. 1885.

Filtrationsapparat. Fließbach, P. D.R.P. 19 754 Kl.89k vom 25/11. 1881, ausg. 20/11. 1882.

Kontinuierlich arbeitender Auswaschapparat für Stärke. Blumenthal, T. D.R.P. 10 579 Kl.89k vom 28/2. 1880, ausg. 27/8. 1880.

Auswaschapparat für Kartoffel- etc. Stärke. Angele, W., D.R.P. 15 354 Kl.89k vom 14/11. 1880, ausg. 17/9. 1881.

Auswaschapparat für Kartoffelstärke. Angele, W. D.R.P. 4702 Kl.89k vom 25/8. 1878 ausg. 15/5. 1879.

Anwendung von Holländer-Apparaten bei der Stärkefabrikation. Bloch, N. u. J. D.R.P. 4262 Kl.89k (1) vom 25/4. 1878 ausg. 29/3. 1879.

14. Gewinnung von Rohstärke allgemein

141. Abtrennung der Stärke (Patente)

(Abtrennung aus Stärkemilch. Vgl. auch "Kartoffelzerkleinerung und Auswaschen der Stärke": 13, "Reinigung der Rohstärke": 15)

Verfahren und Vorrichtung zum Abtrennen von Feststoffen mit unterschiedlichen Korngrößen und gegebenenfalls auch mit verschiedenen spezifischen Gewichten aus einer Suspension. Starcosa GmbH & Co. D.P. (DDR) 38 064 Kl.82b vom 3/6. 1964., ausg. 15/4. 1965. D.Prior. (BR) 25/7. 1963. Ausschließungspatent. - Ref. Stärke 18. 157 (1966).

Vorrichtung zum Trennen von spezifisch schweren Komponenten aus Suspensionen. Görner, A. und Reinhold, U. D.P. (DDR) 42 245 Kl.12d vom 25/7. 1962., ausg. 15/11. 1965. Wirtschaftspatent. - Ref. Stärke 18. 253 (1966).

Verfahren und Apparatur zur Abtrennung der Stärke aus der primären Stärkemilch, deren Reinigung und Eindickung. Costea, V.G. Rumän.P. 40 951 ausg. 30/7. 1960. - Ref. J.Chem.(russ.) 1961. 18 N 323.

Vorrichtung zum Abpressen der Feuchtigkeit aus Stärke. Simizu, T. Japan.P. 1 079 ('57) ausg. 15/2. 1957. - Ref. J.Chem.(russ.) 1961. Nr. 5 N 326.

Verfahren und Vorrichtung zum Trennen von festen Stoffen und Flüssigkeiten aus Suspensionen. Görner, A. D.P. (DDR) 16 069 Kl.89k,2 vom 11/1. 1957 ausg. 23/12. 1958. (Wirtschaftspatent) - Ref. Stärke 12. 218 (1960) C.A. 54. 17990e (1960).

Auswaschen und Eindicken von Stärkesuspensionen. Mij. voor Kolenbewerking Stamicarbon N.V. F.P. 1 008 414 vom 16/1. 1950, ausg. 19/5. 1952. Holl.Prior. 15/1. 1949. - Ref. C. 1954. 2290.

Gewinnung von Stärke aus Stärkemilch. SAktiebolaget Separator F.P. 954 318 vom 16/10. 1947, ausg. 22/12. 1949. Schwed. Prior. 1 vom 16/10. 1946 und vom 21/12. 1946. - Ref. C. 1950. II. 714.

Fortlaufende Aufarbeitung stärkehaltiger Suspensionen. Ostwald, W. Siehr, A. und Erbring, H. D.R.P. 714 178 Kl.89k vom 18/1. 1938, ausg. 22/11.1941 - Ref. C. 1942. I. 1317.

Gewinnung von Stärke aus Stärkemilch. Staley, A.E., Mfg. Co. Belg. P. 423 010 vom 6/8. 1937, Auszug veröff. 14/2. 1938. - Ref. C. 1938. II. 3756.

Gewinnung von Stärke aus stärkehaltigen Flüssigkeiten. Kröner, W. F.P. 823 308 vom 19/6. 1937 ausg. 18/1. 1938.D.Prior. 17/12. 1936. - Ref. C. 1938. I. 3710.

Verfahren und Vorrichtung zum Abtrennen von Stärke aus Stärkemilch. Schlieter, K. D.R.P. 666 623 Kl.89k vom 4/2. 1936, ausg. 24/10. 1938.

Vorrichtung zur kontinuierlichen Abscheidung von Stärke aus Rohstoff oder unreine Stärke enthaltender Flüssigkeit. Uhland, W. H. D.R.P. 135 312 Kl.89k vom 31/1. 1899, ausg. 6/10. 1902.

Apparat zum kontinuierlichen Entmischen stärkehaltigen Rohmaterials. Uhland, W.H. D.R.P. 126 203 Kl. 58k vom 28/2. 1899. ausg. 16/12. 1901.

Apparat zum stetigen Entmischen von stärkehaltigem Rohstoff. Uhland, W.H. D.R.P. 134 335 Kl. 89k vom 28/2. 1899, ausg. 25/9. 1902. Zus. zu D.R.P. 126 203.

Neuerungen im Verfahren zur Abscheidung von Stärke. Müller, T.H. und Decastro, J.W. D.R.P. 24 805 Kl.89k vom 28/2. 1883, ausg. 24/11. 1883.

142. Arbeiten über Trennschleudern und Separatoren

Untersuchung der Natur der Schneckenzentrifugen. Pewsner, G.M. Arb.Allunions wiss.Forsch.-Inst.Stärkeprodukte (russ.) 7. 108-22 (1964).

Die kontinuierlich wirkende horizontale Schneckenzentrifuge mit Tellereinsätzen. Bachtschalowa, N.K. Arb.Allunions wiss.Forsch.-Inst.Stärkeprodukte (russ.) 7. 122-30 (1964).

Untersuchungen über die Entwässerung von Kartoffelrohstärkemilch. Kumazawa, K. und Suzuki, Y. J.technol.Soc.Starch 12. 11-17 (1964) - Ref.J.Chem.(russ.) 1965. 23 R 366.

Über die Korngrößenverteilung von Kartoffelstärke beim Schrauben-Separator. Hasegawa, Y. J.technol.Soc.Starch (Japan) 8. 155 (1961).

Prüfung der automatischen Zentrifuge Modell AG-800-2N zur Entwässerung von Kartoffelstärkesuspensionen. Ssafronow, G.P. Zucker-Ind.(russ.) 34. Nr.8. 65-69 (1960) - Ref. C. 1961. 11927. Stärke 13. 152 (1961).

Moderne Separatoren in der Stärkeindustrie. Hoffmann, W. Stärke 12. 13-17 (1960) - Ref. C. 1960. 15930.

Die Vervollkommenung der Absetzzentrifuge mit Schneckenentladung. Bakanow, N.A. Zucker-Ind.(russ.) 34. Nr.1. 60-62 (1960) - Ref. C. 1960. 17306. Ref.J.Chem.(russ.) 1960. 67163. Stärke 13. 63 (1961).

Der Teilchenaustrag bei Schubzentrifugen und Separatoren. Ssaburdo, G.A. Hochschulnachr., Nahrungsmittel-Technol.(russ.) 1960. Nr.2. 99-107. - Ref. Stärke 13. 94 (1961).

Kombinationsschaltungen von Apparaten zur mechanischen Trennung fest-flüssiger Mischsysteme. Trawinski, H.F. Chemie-Ing.-Techn. 32. 576-81 (1960) - Ref. Stärke 13. 351 (1961).

Reinigung der in einer Vollmantel-Zentrifuge gewonnenen Stärke. 2. Mitt., Einflüsse der Konzentration und des pH-Wertes der Stärkemilch auf die Qualität der Stärke. Yamazaki, J. und Imai, H. J.technol.Soc.Starch (Japan) 7. 67-70 (1959) - Ref. C.A. (M.) 58. 1623e (1963).

Die Anwendung von Separatoren. Richter, W.A. Zucker-Ind.(russ.) 33. Nr.8. 66-69 (1959) - Ref.J.Chem.(russ.) 1960. Nr. 28506, Stärke 13. 152 (1961).

Reinigung der in einer Vollmantel-Zentrifuge gewonnenen Stärke. 1. Mitt. Die Eigenschaften der gewonnenen Stärke und die Prüfung der Reinigungsmethoden. Imai, H., Yamazaki, J. und Sakai, R. J.technol.Soc.Starch (Japan) 7. 61-67 (1959) - Ref. J.Chem.(russ.) 1961. 24 N 317. Stärke 14. 440 (1962). C.A.(M.) 58. 1623e (1963).

Erfahrungen bei der Verwendung von Siebzentrifugen. Pewsner, G.M. Zucker-Ind.(russ.) 33. 43-49 (1959) - Ref. C. 1960. 12190. Ref. J.Chem.(russ.) 1960. 67162. Stärke 13. 26 (1961).

Die Verwendung und Weiterentwicklung der Großraumzentrifuge in der Stärkeindustrie. Zeppenfeld, K. Stärke 11. 355-59 (1959) - Ref. C. 1960. 13218. Ref.J.Chem.(russ.) 1960. 59047.

Regeltechnik bei Separatorenanlagen in der Stärkeindustrie. Böyng, A. Stärke 11. 169-74 (1959) - Ref.J.Chem.(russ.) 1960. Nr.6792.

Ein Beitrag zur Siebung der Rohstärkemilch in der Kartoffelstärkeindustrie. Kempf, W. Stärke 10. 273-77 (1958) - Ref. C. 1959. 15207.

Zentrifugen und Hydrocyclone. Trawinski, H.F. Chemie-Ing.-Techn. 30. 831-38 (1958) - Ref. Stärke 11. 249 (1959).

Eine Trennschleuder für kontinuierlichen Betrieb mit Schneckenentladung für 25 t Kartoffeln täglich. Lukojanow, W.I. Arb.zentr. wiss.Forsch.-Inst.Stärke- u. Stärkesirup-Ind.(russ.) 2. 62-77 (1955).

Neue Erfahrungen über den Einsatz der Trennschleuder in der Stärkeindustrie. Heder, E. Stärke 7. 198-205 (1955) - Ref. C. 1957. 2672.

Mechanische Entwässerung und Flüssigkeitstrennung in Schleudern. Hülsen, H.H. Fette, Seifen, Anstrichmittel 56. 110-14 (1954).

Konzentrierung und Reinigung von Stärkemilch. Hoensch, W. Stärke 4. 189-92 (1952) - Ref. C. 1953. 2042.

Konstruktion der Stärkeseparatoren. Böyng, A. Stärke 4. 131-34 (1952).

Eine neue Trennschleuder und ihr Arbeitsgebiet. Schmiedel, L. Stärke 4. 127-131 (1952) - Ref. C. 1955. 5268.

Aufbau und Wirkungsweise der Rohmilch- und der Rinnenschleudern und ihr Einsatz in der Stärkeindustrie. Fritze, A. Stärke 3. 210-13 (1951) - Ref. C. 1953. 3651.

Weitere Erfahrungen mit Separatoren in der Stärkeindustrie. Böyng, A. Stärke 3. 173-175 (1951).

Zentrifugieren. Anwendungen bei Verarbeitung von Ölen, Seife, Stärke, Zucker und Hefe. Broadwell, E. Int.chem.Engng.Process Ind. 31. 403-05 (1950) - Ref. C. 1952. 1548.

Hydroextraktion. 1.Mitt.Die Fließverhältnisse in einer Korbzentrifuge. Burak, N. und Storrow, J.A. J.Soc.chem.Ind. 69. 8-13 (1950) - Ref. C. 1951. I. 405.

Erfahrungen mit Separatoren in der Stärkeindustrie. Böyng, A. Stärke 2. 112-14 (1950) - Ref. C. 1951. I. 1239.

Der Düsenseparator in der Stärkefabrikation. Böyng, A. Stärke 1. 16-20 (1949) - Ref. C. 1950. II. 1408.

Anwendungsbereiche von Schleudern in der Nahrungsmittelindustrie. Hülsen, R.H. Dtsch.Lebensmittel-Rdsch. 44. 195 (1948).

Neue Bauweisen von Filtern und Schleudern. Hülsen, H.-H. Z.Ver. dtsch.Ing.,Beih.Verfahrenstechn. 1939. 187-95.

Die "ter Meer"-Zentrifuge bei der Kartoffelstärkeherstellung. Buddeberg, W. Z.Spiritusind. 53. 113 (1930).

Die neue Trennschleuder, Bauart "ter Meer". Sprockhoff, M. Z.Spiritusind. 53. 136 (1930).

Die neue Trennschleuder, Bauart "ter Meer". Z.Spiritusind. 53. 163 (1930).

Die Bedeutung der Trennschleuder für die Kartoffelstärkefabrikation. Sprockhoff, M. Z.Spiritusind. 45. 235 (1922). - Ref. C. 1922. IV. 1089.

Die Bedeutung der Trennschleuder für die Kartoffelstärkefabrikation. Parow, E. Z.Spiritusind. 45. 235 (1922) - Ref. C. 1922. IV. 1089.

Entwässerungs- und Eindickapparat "Separator". Parow, E. Z.Spiritusind. 27. 157 (1904).

Centrifugen in der Stärkefabrication. Dtsch.Industrie-Ztg. 31. 307-308 (1868) - W.Ref. 2197.

143. Patente über Trennschleudern und Separatoren

Vollmantel-Trennschleuder. Starcosa GmbH & Co. D.P. (DDR) 39 543 Kl.82b vom 3/6. 1964., ausg. 5/6. 1965. Ausschließungspatent. Ref. Stärke 18. 253 (1966).

Verfahren zur Verarbeitung von Stärkemilch. Sasaki, S. Japan.P. 17 547 ('62) vom 8/4. 1959., ausg. 26/10. 1962 - Ref.J.Chem. (russ.) 1965. 19 R 297.

Verbesserte Entwässerung von Aufschlämmungen körniger Stärke. Anheuser-Busch,Inc. (Erfinder: Pollock, G.E. jun., Jett, H.A., Gerwitz, T.und Scallet, B.L.). D.A.S. 1 140 520 Kl.89k. vom 7/10. 1959., ausg. 29/11. 1962. - Ref. C. 1963. 15633. Stärke 16. 34 (1964).

Aufbereiten von Stärkemilch. Stamicarbon, N.V. Oe.P. 211 758 vom 16/4. 1959., ausg. 10/11. 1960. Holl.Prior. 23/4. 1958., id.mit D.A.S. 1 084 660. - Ref. C. 1964. 4-2749.

Stärkemilch-Trennschleuder. Möller, T. D.P. (DDR) 22 672 Kl.82b vom 18/11. 1958., ausg. 22/2. 1962. (Wirtschaftspatent). - Ref. Stärke 14. 436 (1962).

Trennschleuder für Stärkemilch. Möller, T. D.P. (DDR) 22 654 Kl.82b vom 18/11. 1958., ausg. 1/2. 1962 (Wirtschaftspatent) - Ref. Stärke 18. 87 (1966).

Separator zur Trennung von Stärke und Fasern aus der Stärkemilch und über das Verfahren der Abtrennung. Corn Products Refining Co. Poln.P. 43 010 Kl.89k vom 7/4. 1959., aus g. 13/4. 1960. Holl. Prior. vom 11/4. 1958.

Anlage zur Trennung fester Substanzen und Flüssigkeiten aus Suspensionen. Goerner, A. Tschechosl.P. 91 661 vom 2/1. 1958. - Ref. C.A. 56. 1322d (1962).

Kontinuierlich arbeitende Vollmantel-Zentrifuge, insbesondere für die Stärketrennung. Dorr Oliver Inc. (Erfinder: Peltzer, A.). D.B.P. 1 076 042 Kl.82b vom 14/9. 1956., ausg. 4/1. 1962., A. Prior. 19/1. 1956. - Ref. Stärke 13. 306 (1961).

Separator und Reiniger für Stärkesuspensionen. Roelofs, E.P. A.P. 2 714 486 vom 29/9. 1952, ausg. 2/8. 1955. - Ref. C. A. 49. 14358b (1955).

Schleudermaschine zum Reinigen von Stärkesuspensionen. Roelofs, E. P. D.B.P. 917 778 Kl.82b vom 24/9. 1952, ausg. 9/9. 1954. Holl. Prior vom 27/9. 1951. - Ref. Stärke 6. 309 (1954).

Trennschleuder zum Austragen von schwimmfähigen Feststoffen vor der Flüssigkeitsabführung. Starcosa Maschinen- u. Apparatebau G.m.b.H. übert. von: Schmiedel, L. D.B.P. 924 020 Kl.82b vom 5/11. 1952, ausg. 24/2. 1955. - Ref. Stärke 7. 37 (1955).

Zentrifuge mit einer sieblosen Trommel und Austrittsdüsen für den Ablauf der schweren Bestandteile. Peltzer, A. (Merco Centrifugal Comp.) DAS 1 008 660 Kl.82b vom 14/7. 1952, ausg. 16/5. 1957. - Ref. Stärke 10. 21 (1958).

Flotation und zentrifugale Trennung von Stärke. Corn Products Refining Co. (Williams, E.H.) A.P. 2 773 784 vom 4/4. 1952, ausg. 11/12. 1956. - Ref. C.A. 51. 4745e (1957) - C. 1958. 11678.

Düsentrennschleuder. Starcosa Maschinen- und Apparatebau G.m.b.H. (L.Schmiedel). D.B.P. 915 437 Kl.82b vom 31/1. 1952, ausg. 22/7. 1954. Zusatz zu D.B.P. 873 077 vom 13/1.. 1951. - Ref. Stärke 6. 282 (1954).

Separator mit einer Transportspirale in der Trommel. Starcosa Maschinen- und Apparatebau G.m.b.H. Holl.P. 79 083 Kl.89k vom 10/1. 1952, ausg. 15/9. 1955 D.Prior. vom 12/1. 1951.

Konzentrieren und Waschen von Rohstärkemilch. Westfalia Separator A.-G., (Erfinder: P. Steinacker) D.B.P. 869 029 Kl.89k, vom 24/7. 1951, ausg. 2/3. 1953. - Ref. C. 1953. 4457. C.A. 52. 15105f (1958).

Konzentrieren und Reinigen von Stärkesuspensionen. Mij. voor Kolenbewerking Stamicarbon N.V. Schwz.P. 288 712 vom 16/1. 1950, ausg. 1/6. 1953. Holl.Prior. 15/1. 1949. - Ref. C. 1953. 8228.

Eindicken und Waschen einer Stärkesuspension. Mij. voor Kolenbewerking Stamicarbon N.V. (Erfinder: Fontein, F.J.) Oe.P. 172 947 vom 16/3. 1950, ausg. 25/10. 1952. - Ref. C. 1953. 6586.

Trennschleuder. Starcosa Maschinen- und Apparatebau GmbH. D.B.P. 966 080 Kl.82b vom 3/5. 1950, ausg. 4/7. 1957. - Ref. Stärke 9. 164 (1957).

Trennschleuder. Starcosa Maschinen- und Apparatebau G.m.b.H. D.B.P. 917 777 Kl.82b vom 4/5. 1950, ausg. 9/9. 1954. - Ref. Stärke 6. 282 (1954).

Abscheidung von Stärke durch Zentrifugieren. Aktiebolaget Separator, übert.von: Eckers, C.G. Can.P. 502 838 vom 11/12. 1950, ausg. 25/5. 1954. id.mit: A.P.2 536 430. - Ref. C. 1960. 11848.

Verfahren für das Gewinnen von Stärke durch Zentrifugieren. Aktiebolaget Separator Holl.P. 74 540 Kl.89k vom 18/2. 1949, ausg. 15/4. 1954. Schwed.Prior. vom 19/12. 1944.

Eindicken von Stärkesuspensionen. Mij. voor Kolenbewerking Stamicarbon N.V. Holl.P. 70 273 vom 15/1. 1949, ausg. 16/6. 1952. - Ref. Stärke 5. 71 (1953).

Gewinnung von Stärke. Aktiebolaget Separator (Erfinder: C.G.Eckers) Schwed.P. 140 879 vom 16/1. 1948, ausg. 16/6. 1953. Zusatz zu Schwed.P. 131 378, C. 1952.4234. - Ref. C. 1955. 9926.

Behandlung von Stärke. Aktiebolaget Separator (Erfinder:C.G.Eckers) Schwed.P. 131 378 Kl.89k vom 21/11. 1947, ausg. 17/4. 1951. - Ref. C. 1952. 4234.

Stärke-Trennung. Laval, De, Separator Co., übert. von: G.J.Strezynsky A.P. 2 488 747 vom 10/8. 1946, ausg. 22/11. 1949. - Ref. C. 1949. E. 1643.

Extraktion von Stärke durch zentrifugale Methode. Thornton, A.A. E.P. 588 313 vom 8/2. 1945.

Verfahren für die Gewinnung von Stärke durch Zentrifugieren. Aktiebolaget Separator Holl.P. 67 787 Kl.89k vom 14/12. 1945, ausg. 15/5. 1951. Schwed.Prior. vom 5/12. 1944. Zusatz zum Holl.P. 66 496 vom 14/9. 1950.

Verfahren zur Befreiung der Stärke von Graumehl, Fasern und Fruchtwasser. Aktiebolaget Separator (Erfinder: Eckers, C.G., Leander, J.E. und Normander, N.R.) Schwed.P. 158 156 Kl.89k vom 23/3. 1945. Zusatz zum Schwed.P. 123 479 und dessen Zusatzpatenten 137 460 und 148 032, ausg. 12/3. 1957.

Verfahren für das Befreien der Stärke von Graumehl, Fasern und Fruchtwasser durch Zentrifugieren und die dazu bestimmte Einrichtung. Aktiebolaget Separator Holl.P. 66496 Kl.89k vom 27/7. 1944, ausg. 16/10. 1950. Schwed.Prior. vom 27/7. 1943 und vom 20/5. 1944.

Verfahren und Vorrichtung zum Ausschleudern von Graumehl, Fasern und Fruchtwasser aus Stärke. Aktiebolaget Separator (Erfinder: Eckers, C.G.) D.B.P. 955 220 Kl.89k vom 23/7. 1944, ausg. 7/2. 1957 Schwed.Prior. vom 27/7. 1943 und 20/5. 1944.

Verfahren und Anweisung Stärke von Graumehl, Fasern und Fruchtwasser zu befreien. Aktiebolaget Separator (Erfinder: Eckers, C.G.) Schwed.P. 137 460 Kl.89k vom 20/5. 1944, ausg. 23/9. 1952. Zusatz zum Schwed.P. 123 479.

Behandlung von Stärke. Aktiebolaget, Separator (Erfinder: Eckers, C.G.) Schwed.P. 109 758 Kl.89k vom 19.5. 1942, ausg. 8/2. 1944. - Ref. C. 1944. II. 484.

Verfahren zum Betrieb einer Siebschleuder. Industriewerk Hirschau A.-G. (Erfinder: Bödecker, H. und Schlieter, K.) D.R.P. 686 524 Kl.82 b vom 22/7. 1937, ausg. 11/1. 1940.

Verfahren für die Gewinnung von Stärke unter Anwendung von Trennschleudern. Jahn & Co. Holl.P. 41 504 Kl.89k vom 18/12. 1934, ausg. 15/9. 1937. D.Prior. vom 7/9. 1934.

Vorrichtung zur Abscheidung von Stärke aus Stärkemilch. Uhland & Co. G.m.b.H. D.R.P. 564 753 Kl.89k vom 31/3. 1931, ausg. 22/11. 1932. Zusatz zu D.R.P. 558 128.

Verfahren und Vorrichtung zum Ausschneiden zähhaltiger Stoffe, insbesondere von Stärke aus Schleudertrommeln. ter Meer, Gustav. München D.R.P. 541981 Kl.89k vom 9/1. 1930. ausg. 10/6. 1932. - Ref. C. 1932. II. 1246.

Vorrichtung zur Abscheidung von Stärke aus Stärkemilch. Uhland, W. & Co. D.R.P. 558 128 Kl.89k vom 16/5. 1928, ausg. 1/9. 1932.

Trennschleuder, insbesondere zum Abscheiden der Stärke aus Stärkemilch. Aston, S. Maschinenfabrik u. Eisengießerei. D.R.P. 265 154 Kl.89k vom 2/3. 1912. ausg. 4/10. 1913. - Ref. C. 1913. II. 1535.

Schleuder für Stärke. Benvist, H. und Graillot, L. F.P. 373 174 vom 7/12. 1907, ausg. 1/5. 1908.

Schleuder für Stärke und anderes Gut. Drumm, C. D.R.P. 190 614 Kl.89k vom 8/1. 1907, ausg. 31/10. 1907.

Schleuder-Einrichtung, insbesondere für die Stärkefabrikation. Kaehl, E. D.R.P. 169 365 Kl.89k vom 1/8. 1903. ausg. 10/3. 1906. Zus. zu D.R.P. 155 562.

Auf wagrechter Welle sitzende Schleuder, insbesondere für die Stärkefabrikation. Kaehl, F. D.R.P. 155 562 Kl.89k vom 1/8. 1903. ausg. 23/11. 1904.

Verfahren zur Abtrennung von Stärke durch Zentrifugieren. Schrader, R. A.P. 757 778 vom 23/10. 1902, ausg. 19/4. 1904.

Apparat zur ununterbrochenen Scheidung von Stärke in hochverdichtetem Zustande und Wasser bzw. Rückständen. Uhland, W.H. D.R.P. 159 088 Kl.89k vom 14/9. 1902, ausg. 25/3. 1905.

Einsatzkasten für Zentrifugen bei der Stärkefabrikation. Rudolph, G. & Co. Neustadt-Magdeburg D.R.P. 19 593 Kl.89k vom 18/2. 1882, ausg. 5/10. 1882. Zus. zu D.R.P. 18 712 vom 18/11. 1881.

144. Hydrozyklone

Die Aufteilung von Kartoffelstärkesuspensionen durch Multihydrocyclone mit rationellen Konstruktionselementen. Schipunowa, N.Ss. und Kalinina, L.P. Zucker-Ind.(russ.) 39. Nr.3. 218-23 (1965). - Ref.J.Chem.(russ.) 1965. 22 R330.

Erprobung eines Sandhydrozyklones in der Technologie der Kartoffelstärkegewinnung. Schulz, P. und Dosdall, Ch. Lebensmittel-Ind. 12. 25-27 (1965) - Ref.J.Chem.(russ.) 1965. 17 R282- Stärke 18. 159 (1966).

Hydrozyklone in der Stärkeindustrie. 4.Mitt. Die Klärung schmutziger Spül- und Produktionswässer, technologisches Schema der Stärkefabrik, Automatisierung und Schlußfolgerung. Bednarski, S. Stärke 16. 6-15 (1964) - Ref.J.Chem.(russ.) 1964. 23R 300.

Hydrozyklone in der Stärkeindustrie. 3.Mitt. Schematische Pläne der Hydrozyklonverbindungen und deren Arbeitsergebnisse. Bednarski, S. Stärke 15. 371-82 (1963) - Ref.J.Chem.(russ.) 1964. 23 R 299.

Hydrozyklone in der Stärkeindustrie. 2.Mitt. Konstruktion der Hydro- und Multihydrozyklone. Bednarski, S. Stärke 15. 171-81 (1963) - Ref.J.Chem.(russ.) 1964. 4 R 352.

Hydrozyklone in der Kartoffelstärkeindustrie. 1.Mitt. Theoretische Grundlagen. Bednarski, S. Stärke 15. 18-25 (1963) - Ref.J.Chem. (russ.) 1963. 20 R 234. C. 1964. 4-2742.

Die Bestimmung der Leistung von Hydrocyclonen. Kurotschitzki, Tsch. K. Arb.zentr.wiss.Forsch.-Inst.Stärke- u. Stärkesirup-Ind. (russ.) 5. 60-73 (1963) - Ref. Stärke 16. 172 (1964).

Über die Arbeit von Hydrocyclonen auf den Auswaschstationen der Stärkefabriken. Kurotschitzki, Tsch.K. und Schamborant, G.G. Zucker-Ind.(russ.) 36. Nr.8. 64-67 (1962) - Ref.J.Chem.(russ.) 1963. 3 R 261.

Die Resultate der Arbeit von Hydrocyclonen. Bednarski, S. und Grotthuz, F. Gaz.Cukrownicza 63. 231-37 (1961) - Ref.J.Chem.(russ.) 1962. 5 N346.

Zur Frage des Wirkungsgrades von Klärungs- und Eindickungsapparaten. Kurotschitzki, Tsch.K. Zucker-Ind.(russ.) 35. Nr.6. 59-63 (1961) - Ref. C. 1963. 339.

Betriebserfahrungen mit Hydrozyklonen und Bogensieben in der Stärke-Industrie. van den Dorpel, J. Stärke 13. 407-12 (1961) - Ref. C.A. 56. 10433b (1962) Ref.J.Chem.(russ.) 1962. 13 N 326.

Eine Analyse der Arbeit der technologischen Schemata der Hydrocyclonenstation. Kurotschitzkii, Tsch.K. Arb.zentr.wiss.Forsch.-Inst.Stärke-Sirup-Ind.(russ.) 4. 43-60 (1960) - Ref.J.Chem. (russ.) 1961. 19 N 193. Stärke 14. 390 (1962).

Der Hydrozyklon. Ein einfaches und billiges Gerät für das Klassieren und Eindicken. Gundelach, W. und Trawinski, H.F. Chemie-Ing.-Techn. 32. 279-84 (1960) - Ref. Stärke 13. 93 (1961).

Die Verwendung von Hydrozyklonen in der Stärke- und Stärkesirup-Industrie. Richter, W.A. Zucker-Ind.(russ.) 34. Nr.1. 62-65 (1960) - Ref. C. 1960. 17306. Stärke 13. 63 (1961).

Über die Stoff-Berechnung von Hydrocyclonanlagen bei der Kartoffelstärkeproduktion. Kurotschitzki, Tsch.K. Zucker-Ind.(russ.) 34. Nr.9. 64-68 (1960) - Ref.J.Chem.(russ.) 1961. 8 N 350. Stärke 13. 152 (1961) C. 1964. 16-2699.

Batteriehydrozyklon in der Kartoffelstärkeindustrie. Pewsner, G.M. und Richter, W.A. Zucker-Ind.(russ.) 33. Nr.5. 53-57 (1959) - Ref. J.Chem.(russ.) 1960. 6793. Stärke 14. 106 (1962).

Beurteilung der Ergebnisse der Arbeit mit Hydrocyclonen in der Stärkeindustrie. Kurotschitzki, Tsch.K. Zucker-Ind.(russ.) 33. Nr.11. 64-67 (1959) - Ref. C. 1960. 10087. Stärke 12. 315 (1960).

Die Anwendung von Hydrocyclonen in der Stärkeindustrie. Brzyski, W. Przemysł Spożwczy 11. 461-65 (1957) - Ref.J.Chem.(russ.) 1958. 18.62508. C. 1959. 2310.

Hydrozyklone in der Stärke-Technologie. Malinsky, Vl. Průmysl potravin 8. 642-49 (1957).

Stand der Entwicklung und Anwendung von Hydrozyklonen. Fontein, I.F.J. Chemie-Ing.-Techn. 27. 190 (1955).

Multihydrozyklone neuester Bauart. Trawinski, H. Chemie-Ing.Techn. 27. 193 (1955).

Trennung und Reinigung von Stärke mit einem Hydrocyclon. Sándor, Z. und Nagy, S. Elelmezési Ipar (Verpflegungs-Ind.) 8. 243-47 (1954) - Ref. C. 1950/54. S.4317.

Hydrocyclone zur Gewinnung oder Trennung fester Partikel; Anwendungen in der Nahrungsmittelindustrie. Fontein, F.J. Ingenieur ('s-Gravenhage) 65. Ch. 101-Ch. 107 (1953) - Ref. C. 1956. 5428.

Neuere Entwicklungen in der Konstruktion von Hydrozyklonen für die Stärkegewinnung. Dorpel, J.van den Stärke 5. 143-46 (1953) - Ref. C. 1954. 670.

Verwendung des Hydrocyclons in der Stärkeindustrie. Nagy, S. Elelmezési Ipar (Verpflegungsind.) 6. 170-72 (1952) - Ref. C. 1950/54 5041 S.

Methode zur Behandlung von Suspensionen in einem Apparat mit mehreren Zyklonen oder Wirbelkammern und Apparat zur Ausführung des Verfahrens. Mij. voor Kolenbewerking Stamicarbon N.V. (Erfinder: Vegter, H.J.) Schwed.P. 144 381 Kl.89k vom 2/1. 1952, ausg. 2/3. 1954. Holl.Prior. 19/1. 1951.

Versuchs- und Betriebsergebnisse mit Hydrozyklonen. Krijgsman, C. Chemie-Ing.-Techn. 23. 540-542 (1951) - Ref. Stärke 4. 104 (1952). C.A. 46. 1668b (1952).

Hydrocyklon. Stamicarbon, N.V. Holl.P. 73 302 Kl.89k vom 14/8. 1951, ausg. 15/9. 1953.

Verbesserung der Stärkequalität. Mij. voor Kolenbewerking Stamicarbon N.V. F.P. 60 738 vom 26/4. 1950, ausg. 28/1. 1955. Zusatz zu F.P. 1 008 413. - Ref. C. 1959. 8732.

15. Reinigung der Rohstärke

151. Reinigung von Kartoffelstärke
152. Allgemein gehaltene Arbeiten
153. Allgemein gehaltene Patente
154. Absetzanlagen für Kartoffelstärke
155. Allgemein gehaltene Arbeiten und Patente über Absetzanlagen (Fluten)
156. SO_2 und andere Zusätze

151. Reinigen von Kartoffelstärke

Die kontinuierliche Raffination von Kartoffelstärke. Bergmann, A. "Ingeniøren" B72. 629-33 (1963) - Ref.J.Chem.(russ.) 1965. 7 R274. Stärke 18. 200 (1966).

Reinigung von Kartoffelstärke. Stamicarbon, N.V. (Erfinder: Fontein, F.J.) Schwed.P. 154 670 Kl.89k vom 14/1. 1955, ausg. 29/5. 1956. Holl.Prior. vom 26/1. 1954.

Verfahren für das Reinigen von Stärke, erhalten durch Auswaschen aus Kartoffeln und anderen Knollenfrüchten. Svenska Jästfabriks AB Holl.P. 60 668 Kl.89k vom 21/3. 1946, ausg. 15/2. 1948. Schwed.Prior. vom 23/3. 1945.

Reinigung von Rohstärke aus Kartoffeln. Bäckman, A.W. Dän.P. 72 585 vom 25/10. 1947, ausg. 28/5. 1951. Schwed.Prior. 12/8. 1946. - Ref. C. 1952. 7428.

Befreien der Stärke von Graumehl, Fasern und Fruchtwasser. Aktiebolaget Separator (Erfinder: Eckers, C.G.) Schwed.P. 123 479 Kl.89k vom 27/7. 1943, ausg. 30/11. 1948. - Ref. Stärke 2. 92 (1950), C. 1948. E. 677.

Über ein neues Verfahren zur Reinigung von Stärkemilch und zur Gewinnung von Kartoffelstärke. Knoblich, G. Z.Spiritusind. 60. 17. (1937) - Ref. C. 1937. I. 3418.

Über ein neues Verfahren zur Reinigung von Stärkemilch und zur Gewinnung von Kartoffelstärke von W. Kröner und G. Knoblich. Schmidt, F. Z.Spiritusind. 59. 133-34 (1936) - Ref. C. 1936. II. 1264.

Über ein neues Verfahren zur Reinigung von Stärkemilch und zur Gewinnung von Kartoffelstärke. Kröner, W. und Knoblich, G. Z.Spiritusind. 58. 359-60 (1935) - Ref. C. 1936. I. 909.

Über ein neues Verfahren zur Reinigung von Stärkemilch und zur Herstellung von Kartoffelstärke. Kröner, W. und Knoblich, G. Chem. Fabrik 8. 510-12. (1935) - Ref. C. 1936. I. 4509.

Reinigung von Süß- und Weißkartoffelstärke. Thurber, F.H. und Paine, H.S. Ind.Engng.Chem. 26. 567-73. (1934) - Ref. C. 1934. II. 2142.

Der "Raffinator" der Firma W.H. Uhland - Leipzig, ein neuer Apparat der Kartoffelstärkefabrikation. Ekhard, W. Z.Spiritusind. 51. 284-85 (1928) - Ref. C. 1928. II. 2517.

Betrachtungen über die Reinigung der Kartoffelstärke, sowie über Reinigungseinrichtungen und -verfahren. Sprockhoff, M. Z.Spiritusind. 50. 210-11. 216-17 (1927) - Ref. C. 1927. II. 1764.

152. Allgemein gehaltene Arbeiten

(Reinigen von Stärkemilch, Filteranordnungen, Siebapparate)

Verwendung von Vakuum-Trommelfilter zur Stärke- und Stärkesirupherstellung. Barnebl, A.C. Stärke 17. 184-89 (1965) - Ref.J. Chem.(russ.) 1966. 3 R352.

Neuzeitliche Preßfilter und ihre Anwendung in der Stärkeindustrie. Wetzel, B. Stärke 16. 188-90 (1964) - Ref.J.Chem.(russ.) 1965. 7 R 280.

Die Filterpresse und ihre Anwendung in der Stärkeindustrie. Peter, F. Stärke 16. 191-96 (1964) - Ref.J.Chem.(russ.) 1965. 5 R403.

Zur Problematik der kontinuierlichen Raffination der Stärkemilch. Malinský, V. Stärke 15. 144-45 (1963) - Ref. C. 1964. 6/7 - 2805. Ref.J.Chem.(russ.) 1964. 1 R320.

Über die Verwendung von Capronsieben. Bytschkow, B.K. Zucker-Ind. (russ.) 34. Nr.6. 63-66 (1960) - Ref. Stärke 13. 94 (1961).

Zu neuen Siebapparat-Typen für die Stärkefabrik. Ryshow, A.N. Zucker-Ind.(russ.) 33. Nr.4. 64 (1959) - Ref.J.Chem.(russ.) 1959. 83763. Stärke 14. 107 (1962).

Eine Vorrichtung zum Reinigen von Stärke. Asadow, K.A. Bäckerei- u.Konditorei-Ind. (russ.) 2. 36-37 (1958).

Eine Vorrichtung zum Reinigen von Stärke. Asadow, K.A. Bäckerei- u.Konditorei-Ind. (russ.) 2. 5-6 (1958).

Entfernung von Verunreinigungen aus niedrig-grädigem Stärkebrei durch Anwendung eines elektrischen Rührwerkes. Goto, Fujio und Fukuoka, K. J.technol.Soc.Starch (Japan) 2. 27-29 (1954) - Ref. C.A. 51. 14301h (1957).

Moderne Filter in Stärkefabriken. Foulon, A., Stärke 2. 51-52 (1950).

Notiz über die neue Reinigungsröhre für Stärkemilch. Kröner, W. Z.Spiritusind. 60. 177 (1937) - Ref. C. 1937. II. 2084.

Ein neues deutsches Verfahren zur kontinuierlichen Reinigung von Stärkemilch. Kröner, W. Congr.int.techn.chim.Ind.agric.Scheveningue C.R. 5.II. 211-13. (1937) - Ref. C. 1938. I. 1016.

Beobachtungen über Reinigen und Trocknen der Stärke. Mariller, C. Bull.Assoc.Chimistes Sucr.Distill,Ind.agric.France Colonies (1927) - Ref. C. 1927. II. 1625.

Die Reinigung der Siebe in den Stärkefabriken. Z.Spiritusind. 41. 407 (1918) - Ref. C. 1919. II. 182, W.Ref. 2338.

Verschiedenartige Behandlung der Stärkemilch. Z.Spiritusind. 41. 399 (1918) - Ref. C. 1919. II. 181, W.Ref. 2337.

J.Marten's geräuschlos arbeitendes Schüttelsieb für Stärkefabriken. Saare, O. Z.Spiritusind. 25. 69 (1902).

Verschlammung der Siebe in der Stärkefabrikation. Saare, O. Z.Spiritusind. 21. 437 (1898) - W.Ref. 2280.

Zur Leistungsfähigkeit der Siebvorrichtungen bei der Stärkefabrikation. Saare, O. Z.Spiritusind. 6. 1021 (1883) - W.Ref. 2213.

153. Allgemein gehaltene Patente

Verfahren zur Reinigung von Stärke. Ogilvie Flour Mills Company Ltd. (Erfinder: Gaver, K.M. und Barton, A.M.) E.P. 886 644 ausg. 10/1. 1962. - Ref.J.Chem.(russ.) 1963. 5 R288.

Verfahren und Anlage für eine Gegenstromraffination von Stärke. Tamchyna , J. und Procházka, S. Tschechosl.P. 102 439 ausg. 15/1. 1962. - Ref.J.Chem.(russ.) 1963. 9 R290.

Verfahren und Apparatur für die Durchwaschung und Filtration von Stärke und anderen Stoffen aus einem Vermahlungsprodukt. Poledne, J. Tschechosl.P. 104 612 ausg. 15/8. 1962. - Ref.J.Chem.(russ.) 1963. 24 R304.

Eine Methode zur Entwässerung und Reinigung von Stärke. Mizukura, K. Japan.P. 10 680 ('61) 15/7. 1961. - Ref.J.Chem.(russ.) 1964. 15 R351.

Die kontinuierliche Reinigung von Stärkemilch. Murajama, M. und Sumija, S. Japan.P. 12 974 ('61) ausg. 9/8. 1961. - Ref.J.Chem. (russ.) 1963. 24 R305.

Reinigung von Stärke. Stamicarbon N.V. (Erfinder: Fontein, F.J.) A.P. 2 974 068 ausg. 7/3. 1961. - Ref. C.A. 55. 12898g (1961), C. 1962. 6617.

Vorrichtung zur gleichmäßigen und störungsfreien Beschickung von Sieben oder Klassierern mit wäßrigen Suspensionen von Stärke und Fasern. Corn Products Co. (Erfinder: Tittelboom, M.L.E.van) D.A.S. 1 168 840 Kl.89k vom 10/4. 1959, ausg. 23/4. 1964. Holl. Prior. 11/4. 1958.

Eine Zentrifuge für die Raffinierung von Stärkemilch. Kinoshita, M. Japan.P. 4783 ('59) ausg. 9/6. 1959. - Ref.J.Chem.(russ.) 1962. 5 N355.

Aufbereiten von Rohstärkemilch. Mij. voor Kolenbewerking Stamicarbon N.V. (Erfinder: Jansma, W.) D.A.S. 1 084 660 Kl.89k vom 17/4. 1959, ausg. 30/6. 1960. Holl.Prior. 23/4. 1958. - Ref. C. 1961. 329 Stärke 13. 417 (1961).

Entfernen von Verunreinigungen aus Stärkesuspensionen. Stamicarbon, N.V. Oe.P. 212 239 vom 11/2. 1958., ausg. 12/12. 1960. Holl. Prior. 18/2. 1957. id.mit D.A.S. 1 075 510 - Ref. C. 1964. 24-2755.

Reinigung von Stärkesuspensionen. Stijfsel- en Glucose-Fabriek, N.V., "Sas van Gent" Belg.P. 546 647 vom 31/3. 1956, ausg. 23/10.1959. Holl.Prior. 7/4. 1955. - Ref. C. 1960. 11499.

Verfahren zum Entfernen von Graustärke und Fruchtwasser aus Stärke. Larsson, G. D.B.P. 928 160 Kl.89k vom 26/6. 1953, ausg. 26/5. 1955. - Ref. Stärke 7. 98 (1955) , C.A. 52. 5012h (1958), C.1956. 1174.

Abtrennung von Schmutz und Verunreinigungen von Stärke. Ishiyama, I. Japan.P. 7323 ('51) vom 23/11. 1951. - Ref. C. A. 47. 5146 (1953), Stärke 5. 198 (1953).

Einrichtung für das Reinigen einer Stärkesuspension. Roelofs, E.P. Holl.P. 78 920 Kl.89k vom 27/9. 1951, ausg. 15/8. 1955.

Reinigen von Stärke. Mij. voor Kolenbewerking Stamicarbon N.V. E.P. 682 527 vom 16/1. 1950, ausg. 12/11. 1952. Holl.Prior 15/1. 1949. - Ref. C. 1953. 6989.

Reinigen von Stärke. General Mills, Inc., übert. von: H.Ferrin. A.P. 2 543 281 vom 3/3. 1949, ausg. 27/2. 1951.- Ref. C. 1953. 3966.

Saugfilteranordnung für Stärke. Larsson, G. Schwed.P. 142 636 Kl.89k vom 7/7. 1950, ausg. 20/10. 1953.

Reinigen von Stärke. Svenska Jästfabriks Aktiebolaget (Erfinder: N.R. Normander) Schwed.P. 126 063 vom 30/3. 1946, ausg. 6/9. 1949. - Ref. C. 1949. E.1643.

Reinigen von Stärke. Svenska Jästfabriks Aktiebolaget F.P. 924 386 vom 23/3. 1946, ausg. 4/8. 1947. Schwed.Prior. 23/3. 1945. - Ref. C. 1949. E.3056.

Verfahren um Stärke von Graumehl, Fasern und Fruchtwasser zu befreien und Anordnung zur Ausführung des Verfahrens. Aktiebolaget Separator (Erfinder: Eckers, C.G., Leander, J.E. und Normander, N.R.) Schwed.P. 148 032 Kl.89k vom 5/12. 1944. Zusatz zum Schwed.P. 123 479 und des Zusatzpatentes 137 460, ausg. 7/12. 1954.

Verfahren zum Reinigen von Rohstärke. Bergedorfer Eisenwerk A.G. Astra-Werke. (Erfinder: Eckers, C.G.) D.R.P. 837 380 Kl.89k vom 30/3. 1943, ausg. 28/4. 1952. Schwed.Prior. 19/5. 1942.

Reinigung von Stärkemilch. Stärkefabrik Kyritz. G.m.b.H. D.R.P. Zweigstelle Österreich 159 513 Kl.89b vom 13/5. 1938, ausg. 25/9. 1940. - Ref. C. 1940. II. 3716.

Waschverfahren für Stärke. Union Starch Refining Co. übertr. von: P.R.King, Mo. Groves u. R.D. Baker A.P.2 205 657 vom 29/11. 1937, ausg. 26/6. 1940. - Ref. C. 1941. I. 2189.

Verfahren und Vorrichtung zur Reinigung von Stärkemilch. Stärkefabrik Kyritz G.m.b.H. D.R.P. 685 894 Kl.89k vom 8/4. 1936, ausg. 28/12. 1939.

Verfahren und Anweisung für die Reinigung von Stärke. Kröner, W. Schwed.P. 87 937 Kl.89k vom 17/7. 1935, ausg. 17/11. 1936. D. Prior. vom 3/6. und 5/7. 1935.

Ununterbrochene Reinigung von Stärke. Kröner, W. D.R.P. 644 954 Kl. 89k vom 4/6. 1935, ausg. 18/5. 1937. - Ref. C. 1937. II. 682.

Reinigung von Stärke. Wisconsin Alumni Research Foundation F.P. 778 619 vom 20/9. 1934, ausg. 21/3. 1935. A.Prior. 22/9. 1933. - Ref. C. 1935. II. 140.

Reindarstellung von Stärke aus Rohstärkemilch. Uhland, W. & Co., G.m.b.H. D.R.P. 631 078 Kl.89k vom 28/12.1933, ausg. 11/6. 1936. - Ref. C. 1936. II. 1264.

Verfahren und Einrichtung zum Waschen von Stärke. Jahn & Co., Maschinenbauanstalt, Eisengießerei Kesselschmiede F.P. 702 155 vom 7/8. 1930, ausg. 31/3. 1931. D.Prior. 11/6. 1930. - Ref. C. 1931. II. 1367.

153, 154

Reinigen von Stärke. Wisconsin Alumni Research Foundation, übertr. von: Karl P. Link, K.G. Niemann und R.H. Roberts A.P.2 121 919 vom 22/9. 1933, ausg. 28/6. 1938. -Ref. C. 1938. II. 2855.

Reinigung von Stärke. International Patents Development Co., übert. von Curry, H.W. A.P.1 977 792 vom 16/5. 1932, ausg. 23/10. 1934. - Ref. C. 1935. II. 140.

Reinigen von Stärke. Aktiebolaget Separator F.P. 715 822 vom 22/4. 1931, ausg. 10/12. 1931. - Ref. C. 1932. I. 2105.

Reinigen von Mehl, Stärke etc. Société Industrielle de Landcrecies u.Ch.Mariller F.P. 657 667 vom 30/11. 1927, ausg. 25/5. 1929. - Ref. C. 1929. II. 2955.

Reinigung von Rohstärke. Uhland, W.H. G.m.b.H. F.P. 641 277 vom 21/9. 1927, ausg. 31/7. 1928. - Ref. C. 1929. I. 313.

Vorrichtung zur Reinigung von Stärke. Uhland, W. & Co., G.m.b.H. D.R.P. 524 466 Kl.89k vom 14/10. 1926, ausg. 5/7. 1931. - Ref. C. 1931. II. 785.

Entfernung unlöslicher Eisensalze aus Stärke u. dgl. Brown, Ch.R. u. H.E. Nelson A.P.1 690 360 vom 31/10. 1925, ausg. 6/11. 1928. - Ref. C. 1929. I. 585.

Reinigen von Rohstärke. Bratring, K. D.R.P. 441 697 Kl.89k vom 16/1. 1924, ausg. 7/3. 1927. - Ref. C. 1927. I. 2140.

Reinigen von Stärke. Penick & Ford Ltd.Inc. übert. von: M.J.Prucha, Urbana u. J.M. Widmer, C.R. A.P.1 582 537 vom 10/12. 1920, ausg. 27/4. 1926. - Ref. C. 1926. II. 950.

Verfahren zum Reinigen von Stärke. Uhland, W.H. D.R.P. 251 907 Kl.89k vom 31/5. 1911, ausg. 10/10. 1912. - Ref. C. 1912. II. 1595.

Verfahren und Anlage zum Reinigen von Rohstärkemilch durch Zentrifugieren. Schrader, R. D.R.P. 149 020 Kl.89k vom 13/2. 1902, ausg. 11/3. 1904.

Verfahren zur Gewinnung von Reinstärke aus Rohstärke. Witt, O.N. D.R.P. 88 447 Kl.89k vom 23/7. 1895, ausg. 27/8. 1896.

154. Absetzanlagen für Kartoffelstärke.

Absetzeinrichtung für kartoffelmehlhaltige Flüssigkeiten. Nationale Zetmeelindustrie, N.V. Holl.P. 62 955 Kl.89k vom 17/9. 1946, ausg. 15/4. 1949.

Reinigung von Kartoffelstärke oder ähnlichen Produkten durch Flotation. Bäckman, A.W. Schwed.P. 126 454 vom 12/8. 1946, ausg. 18/10. 1949. - Ref. C. 1950. II. 2984.

Über die Beschleunigung des Absetzens der Kartoffelstärke bei Säurezusatz zur Stärkemilch. Wiegel, E. Z.Spiritusind. 58. 205-06 (1935) - Ref. C. 1935. II. 2749.

Die Kartoffelstärkegewinnung durch Stärkeabziehverfahren. Rubeln, M. Z.Spiritusind. 43. 44-45 (1920) - Ref. C. 1920. II. 606, W. Ref. 2349.

Absitzversuche mit Kartoffelstärke. Hembd, K. Z.Spiritusind. 42. 395 (1919) - Ref. C. 1920. II. 194, W.Ref. 2340.

Bemerkung über die Fabrikation von Kartoffelstärke mittels Fluten. Bondonneau, L. Bull.Soc.Encouragement Ind.nat. 92. 849-51 (1893) - Ref. W.Ref. 2259.

155. Allgemein gehaltene Arbeiten und Patente über Absetzanlagen (Fluten)

Probleme der V-formigen Absetzbehälter, den Eindickern für Stärkemilch. Fukushima, H. J.technol.Soc.Starch (Japan) 8. 24-28 (1960) - Ref.J.Chem.(russ.) 1961. 24 N318.

Das Absetzen von Stärkekörnern in den Fluten. Goto, F. J. technol. Soc.Starch (Japan) 3. 121-24 (1956).

Verfahren für das Reinigen von Stärke durch Flotation. Bäckman, A. W. Holl.P. 64 828 Kl.89k vom 13/12. 1947, ausg. 15/11. 1949. Schwed.Prior. vom 12/8. 1946.

Verfahren und Vorrichtung zum Abtrennen von Stärke aus Stärkemilch. Schlieter, K. D.R.P. 666 623 Kl.89k vom 4/2. 1936, ausg. 24/10. 1938.

Verfahren und Einrichtung für das Reinigen von Stärke unter Anwendung von Fluten. Kröner, W. Holl.P. 42 158 Kl.89k vom 23/7. 1935, ausg. 15/12. 1937. D.Prior. vom 3/6. 1935 und 5/7. 1935.

Das Absitzen von Stärkemilch. Sprockhoff, M. u. Hönsch Z.Spiritusind. 56. 59. (1933) - Ref. C. 1933. I. 3507.

Flutenprozeß. International Patents Development Comp. (Erfinder: Jeffries, F.L.) A.P.2 122 647 vom 26/4. 1933, ausg. 5/7. 1938 Can. Prior. 5/4. 1933. id.mit F.P. 771 761. - Ref. C. 1935. I. 2274.

Untersuchung über die Abscheidung der Stärke auf den Absatzrinnen (plans) der Stärkefabriken. Nottin, P. Bull.Assoc.Chimistes Sucr.Distill.Ind.agric.France Colonie 44. 140-50. (1927) - Ref. C. 1927. I. 2866.

Nochmals das schlechte Absitzen der Stärke. Ekhard, W. Z.Spiritusind. 49. 372-73 (1926).

Betrachtungen über dasAbsetzen von Stärke und über Absatzeinrichtungen. Sprockhoff, M. Z.Spiritusind. 49. 294-95, 301.02. (1926) - Ref. C. 1927. I. 531.

Verfahren und Vorrichtung zum Aufrühren und Fortbewegen von in Absatzrinnen, Behältern oder dgl. sich absetzenden festen Massen, wie Stärke, Ton o. dgl. Taschl, V. D.R.P. 259 556 Kl.89k vom 26/7. 1912, ausg. 7/5. 1913.

Verfahren und Einrichtung zur Herstellung einer Stärkeflut in Quirlbottichen. Hinze, A. D.R.P. 215 330 Kl.89k vom 22/1. 1909, ausg. 8/11. 1909.

Angele's Verfahren zur Vertheilung der Rohstärke aus den Absatzbassins in die Aufwaschquirle. Saare, O. Z.Spiritusind. 17. 42-43 (1894) - Ref. W.Ref. 2265.

Stärkeschlämmrinne mit selbstthätiger Abfuhr des Rückstandes. Hundhausen, J. D.R.P. 80 922 Kl.89k vom 9/6. 1894, ausg. 4/5. 1895.

Schlechtabsetzende Stärke. Saare, O. Z.Spiritusind. 15. 319, 335, 336, 344 (1892) - W.Ref. 2255.

Schlecht absetzende Stärke. Schmidt, H. Z.Spiritusind. 15. 328 (1892) - W.Ref. 2257.

Die Abziehapparate der Stärkefabriken. Saare, O. Z.Spiritusind. 13. 367 (1890) - W.Ref. 2246.

Über Absetzrinnen. Saare, O. Z.Spiritusind. 13. 361-362 (1890) - W.Ref. 2247.

Das Untertauch-Absatzbottichsystem in der Stärkefabrication. Saare, O. Z.Spiritusind. 13. 59 (1890) - W.Ref. 2241.

Absetzrinnen und Abziehvorrichtungen für Stärkefabriken. (Auszug). Uhland, W.H.: Wagner's Jber.chem.Technol. 36. 806 (1890) - W.Ref. 2248.

Apparat zum Abwässern und Schlämmen. Fischer, J. D.R.P. 26 237 Kl.89k vom 19/6. 1883, ausg. 3/3. 1884.

156. SO_2 und andere Zusätze
(Vgl. auch "Bleichen": 172)

Die Abtrennung kleiner Fraktionen von Stärkekörnern durch oberflächenaktive Agenzien. 1.Mitt. Reinigung von Stärkefraktionen geringer Qualität durch die "Thickener" Behandlungsmethode. Yamasaki, H. und Imai, H. J.technol.Soc.Starch (Japan) 11. 15-20 (1964).

Reinigung von Stärke durch oberflächenaktive Stoffe. 3.Mitt. Die Wirkung anorganischer Salze. Fujii, T. und Tomiyama, S. J. Japan.Soc.Food Nutrit. 12. 413-14 (1960) - Ref.J.Chem.(russ.) 1961. Nr.12 N414.

Reinigung von Stärke mit oberflächenaktiven Stoffen. 7.Mitt. Amylogramme von mit oberflächenaktiven Stoffen behandelten Stärken. Fujii, T. und Oba, K. J.technol.Soc.Starch (Japan) 8. 60-63 (1960) - Ref.J.Chem.(russ.) 1962. 10 N355.

Reinigung von Stärke mit oberflächenaktiven Stoffen. 2.Mitt. Fukuba, H. J.technol.Soc.Starch (Japan) 7. 145-49 (1960) - Ref.J. Chem.(russ.) 1962. 1 N358, C.A. 57 8785a (1962).

Anwendung schwefliger Säure bei der Stärkeherstellung. Sun Wen-Sjue, Tschen Yu, Zjuj-Tschen-Shen Shipin gongye 1959. Nr. 15. 31-32. - Ref.J.Chem.(russ.) 1960. 40494

Untersuchungen über die Abtrennung und Reinigung von Stärken. 2. Mitt. Anwendung von Natriumhypochlorit für die Reinigung von Stärke und deren Grenzen. II. Amylogramm der mit Natriumhypochlorit behandelter Stärke. Suzuki, S., Arai, K. und Watanabe, T. J.technol.Soc.Starch (Japan) 6. 14-17 (1958) - Ref. C.A. 56. 13304b (1962).

Untersuchungen über die Abtrennung und Reinigung von Stärken. 2. Mitt. Anwendung von Natriumhypochlorit für die Reinigung von Stärke und deren Grenzen. I. Die Qualität von mit Natriumhypochlorit behandelter Stärke.Suzuki,S., Arai, K. und Watanabe, T. J.technol.Soc.Starch (Japan) 6. 9-13 (1958) - Ref. C.A. 56. 13303i (1962).

Die Adsorption schwefliger Säure durch Kartoffelstärke. Basinski,A. und Kaczarska, T. Przemysl chem. 10. 23-28 (1954) - Ref. C. 1956. 13570.

Die schweflige Säure in der Lebensmittelherstellung unter besonderer Berücksichtigung der Stärke- und Stärkederivatefabrikation. Müller-Mangold, D. Stärke 2. 217-28. (1950) - Ref.C. 1951. I. 942.

In welcher Konzentration und in welcher Menge wird schweflige Säure zur Stärkemilch zugesetzt, um die Stärke besser absitzen zu lassen. Parow, E. Z.Spiritusind. 49. 323 (1926).

Etwas über die schweflige Säure in der Stärkefabrikation. Z. Spiritusind. 27. 185-86 (1904).

Eignet sich Flußsäure zur Verwendung in der Stärkefabrikation. Saare, O. Z.Spiritusind. 15. 50 (1892) - Ref. C. 1892. I. 574. - W.Ref. 2254.

Über die Anwendung der Schwefelsäure in der Kartoffelstärkefabrication. Fesca, A. Wagner's Jber.chem.Technol. 14. 454-457 (1869) - W.Ref. 2199.

16. Trocknen der Stärke

160. Allgemeines

Der Verkleisterungsgrad der Stärke von Trockenkartoffeln aus verschiedenen Trocknersystemen. Franke, E.-R. Stärke 16. 20-22 (1964) - Ref. C. 1966. 5-3070. - Ref.J.Chem.(russ.) 1965. 2 R203.

Einfluß verschiedener Trocknersysteme auf einige Eigenschaften der Stärke. Baunack, F. Stärke 15. 299-304 (1963) - Ref. C. 1964. 23-2519. Ref.J.Chem.(russ.) 1964. 5 R339.

Die Trocknung von Stärke. Baunack, F. Stärke 9. 143-46 (1957) - Ref. C.A. 52. 5864h (1958), C. 1959. 13919.

Kontinuierlicher Trockner zur Kartoffelstärkeherstellung. Otsuka, H. J.technol.Soc.Starch (Japan) 2. Nr.1. 4-9 (1954).

Stand der Technik der Stärketrocknung. Heydt, G. Stärke 3. 213-219 (1951) - Ref. C. 1953. 3651

Experimentelle Untersuchungen über die Trocknung von quellwasserhaltigen Substanzen im Zerstäubungstrockenverfahren. Ladisch, R. Chemiker-Ztg 66. 156-59 (1942).

Wichtiges über Stärketrocknung. Kamp, H. Z.Spiritusind. 57. 7-8. (1934) - Ref.C. 1934. I. 1571.

Einige Beobachtungen über die Trocknungsgeschwindigkeit von Mehl, Stärke und anderem körnigen Material. Fisher, E.A. Z.ges. Mühlenwesen 5. 174-78 (1929) - Ref. C. 1929. I. 1279.

Vorkehrung zum Trocknen von Stärke. Mc.Cord, C.P. Manufact.Confect. 1927. 621.

Über einige Apparaturen der chemischen Qualitäts-Trockentechnik. Hammerstein, F.O. Chem.Apparatur 6. 105-108, 115-117 (1919) - W.Ref. 2339.

Die Gewinnung wasserfreier Körper. Atkins, W.R.G. und Wilson, E.G. J.chem.Soc. (London) 107. T.2; 916-918 (1915) - W.Ref. 770.

Zur Neueinrichtung von Trockenanlagen in Naßstärkefabriken. Saare, O, Z.Spiritusind. 13. 189-190 (1890) - W.Ref. 2244.

Über die Anlage von Trockenstuben. Dtsch.Industrie-Ztg. 29. 282-283 (1868) - W.Ref. 2196.

161. Patente: Trocknen von Stärke

Ein Trockner für Stärke. Yamasita, S. Japan.P. 9545 (60') ausg. 20/7. 1960. - Ref.J.Chem.(russ.) 1962. 18 N288.

Trocknen von Stärke. Whitworth Holdings Ltd. (Erfinder: Smith, N.L.) Aust.P. 214 826 vom 18/3. 1957, ausg. 29/5. 1958. id.mit: E.P. 796 833. - Ref. C. 1960. 12191.

Trocknen von Stärke. Whitworth Holdings Ltd. (Erfinder: Smith, N.L.) E.P. 796 833 vom 27/2. 1956, ausg. 18/6. 1958. - Ref. C. 1959. 11093.

Anordnung für die automatische Regulierung des Feuchtigkeitsgehalts bei der Trocknung von Stärke und anderen Trockengütern. Larsson, G. Schwed.P. 149 539 Kl.89k vom 8/7. 1950, ausg. 5/4. 1955.

Trocknung von Stärkeerzeugnissen. Farmers Marketing & Supply Co., Ltd.London, England, übert. von: Eugen Joel Rivoche, Washington A.P.2 520 891 vom 27/1. 1948, ausg. 29/8. 1950. E.Prior. 16/9. 1939. - Ref. C. 1951. II. 3386.

Trocknen von Mehlen und Stärken. Zahn und Co. F.P. 886 617 vom 7/10. 1942, ausg. 20/10. 1943. D.Prior. 3/1. 1942. - Ref. C. 1944. I. 902.

Trocknen von Stärke. Corn Products Refining Co. F.P. 853 132 vom 15/4. 1939, ausg. 11/3. 1940. A.Prior 11/7. 1938. - Ref. C. 1941. I. 2049.

Stärketrocknung. Corn Products Refining Co. E.P. 530 226 vom 11/7. 1938, ausg. 1/7. 1939.

Trocknen von Stärke. Corn Products Refining, übert. von: A. Horesi A.P.2 235 683 vom 11/7. 1938, ausg. 18/3. 1941. - Ref. C. 1941. II. 1335.

Trocknen von Stärke. Daumas, C.V. E.P. 490 982 vom 27/11. 1937, ausg. 22/9. 1938. - Ref. C. 1938. II. 4326.

Trocknen von Stärke. Corn Products Refining Co., übert. von C. Hagen A.P.2 144 333 vom 8/4. 1937, ausg. 17/1. 1939. - Ref. C. 1939. I. 3276.

Trocknen von Stärke. "Agratherm", N.V. Holl.P. 50710 vom 29/1. 1937 ausg. 15/8. 1941. - Ref. C. 1941. II. 2881.

Verfahren und Einrichtung für die Herstellung von in kaltem Wasser quellbaren Stärkederivaten. Agratherm, N.V. Holl.P. 44 243 Kl.89k vom 8/5. 1936, ausg. 15/10. 1938. D.Prior. vom 9/5. 1935.

Verfahren für die Trocknung von Rohstärke. "Agratherm", N.V. (Erfinder: Daumas, C.V.) Schwed.P. 95 795 Kl.89k vom 26/1. 1937, ausg. 23/5. 1939.

Trocknen von Stärke. Louisville Drying Machinery Co., Inc., übert. von: J.Credo Can.P. 376 871 vom 7/12. 1936, ausg. 4/10. 1938. - Ref. C. 1939. I. 1086.

Trocknen von Stärke. "Agratherm", N.V. übert. von: H. Schorn, u. C.V. Daumas A.P.2 180 968 vom 1/9. 1936, ausg. 21/11. 1939. - Ref. C. 1940. I. 2081.

Trocknen von nasser, gegebenenfalls kugelförmig geformter (0,8 mm) Rohstärke. N.V."Agratherm", übert. von: C.V. Daumas Ung.P. 117 022 vom 10/6. 1936, ausg. 1/10. 1937. - Ref. C. 1938. I. 3710

Trocknen von Mehl. "Miag" Mühlenbau und Industrie Akt.-Ges. (Erfinder: J. Schreiner) D.R.P. 649 656 Kl.82a vom 3/12. 1935, ausg. 30/8. 1937. - Ref. C. 1937. II. 4126.

Trocknen hygroskopischer Stoffe. Lewis, L.W. A.P.2 018 797 vom 22/1. 1935, ausg. 29/10.1935. - Ref. C. 1936. II. 3606

Trocknung von Stärke. International Patents Development Co., übert. von: C. Hagen u. W.J. Rowe. Can.P. 345 384 vom 11/3. 1932, ausg. 16/10. 1934. - Ref. C. 1935. II. 140.

Verfahren und Vorrichtung zum Trocknen von Stärke und anderem breiigen, mehligen oder stückigen Gut. Braeuer, Oskar D.R.P. 567 433 Kl.82a vom 23/10. 1931, ausg. 2/1. 1933.

Verfahren zum Trocknen von Cellulose- und Stärkeprodukten. Campbell, W.B. Can.P. 309 147 vom 8/5. 1929, ausg. 10/3. 1931. - Ref. C. 1934. I. 1262.

Herstellung von Stärke. Sprockhoff, M. D.R.P. 514 078 Kl.89k vom 27/1. 1928, ausg. 8/12. 1930. - Ref. C. 1931. I. 1029.

Trocknen von Stärke oder anderen temperaturempfindlichen Substanzen. Jahn & Co., Maschinenbau-Anstalt, Eisengießerei u. Kesselschmiede, F.P. 667 995 vom 25/1. 1929, ausg. 25/10. 1929. D.Prior. 26/1. 1928. - Ref. C. 1930. II. 155.

Apparatur zum Trocknen und Reinigen von Stärke. Hersey Mfg. Co., übert. von: H.W. Harrigan A.P.1 693 649 vom 5/11. 1927, ausg. 4/12. 1928. - Ref. C. 1929. I. 2361.

Behandeln von Stoffen mit Gasen. Industrial Spray-Drying Corp. Can.P. 288 468 vom 17/3. 1927, ausg. 2/4. 1929. - Ref. C. 1932. I. 1843.

Trocknen, Kühlen oder Befeuchten von Stärke und stärkeähnlichen Materialien. Dextrin-Automat, G.m.b.H. Oe.P. 99 013 vom 27/1. 1923, ausg. 10/1. 1925. - Ref. C. 1925. II. 97.

Trockenapparat. Meihuizen, S.H. D.R.P. 309 982 Kl.421 vom 17./1. 1918, ausg. 31/12. 1918. - Ref. C. 1919. II. 903.

Verfahren und Vorrichtung zum Trocknen von Stärke und ähnlichen Materialien. Jahn & Co. D.R.P. 278 186 Kl.89k vom 2/10. 1913, ausg. 22/2. 1914.

Methode zur Trocknung von Stärke. Corn Products Refining Co. (Erfinder: Bauer, L.P.) A.P.1 035 302 vom 6/12. 1911, ausg. 13/8. 1912.

Apparat für die Stärketrocknung. Corn Products Refining Co. (Erfinder: Bauer , L.P.) A.P.1 061 720 vom 30/1. 1913, ausg. 13/5. 1913.

Stetig arbeitender Trockenapparat, insbesondere für Stärke. Sudenburger Maschinenfabrik und Eisengießerei D.R.P. 261 259 Kl.89k vom 23/4. 1912, ausg. 21/6. 1913.

Staubfilteranordnung an Muldentrocknern, insbesondere für Stärke. Geils, W. D.R.P. 257 556 Kl.89k vom 11/4. 1912, ausg. 11/3. 1913.

Stärke-Trockenapparat. Fehrmann, C.L. D.R.P. 29 600 Kl.89k vom 22/3. 1884, ausg. 6/12. 1884.

Apparat zum Trocknen der Stärke. Schöngast, C. D.R.P. 13 678 Kl.89k vom 8/6. 1880, ausg. 1/7. 1881.

Trockenapparat für Kartoffelstärke. Schmidt, H. D.R.P. 10 243 Kl.89k vom 10/1. 1880, ausg. 13/7. 1880.

162. Lufttrocknung (Horden-, Band-, Teller- u.a. Trockner)

Stärketrocknen mit Tuch ohne Ende. Saare, O. Z.Spiritusind. 17. 59 (1894).

Wärmeausnutzung in Tunneltrocknern für Stärke. Shiozawa, K. J. technol.Soc.Starch (Japan) 5. 131-34 (1958).

Kontinuierlicher Trockner für die Kartoffelstärkeherstellung. Ohtsuka, H. J.technol.Soc.Starch (Japan) 2. 4-9 (1954) - Ref. C.A. 49. 9945f (1955).

Blitztrocknung von Stärke. Aspman, K. Food Engng. 24. 84 (1952) - Ref. Stärke 4.248 (1952).

Trocknen von Stärke durch heiße Luft. Tosello, A. und Arruda Veiga, A. de Bragantia (Sao Paulo) 10. 357-63 (1950) - Ref.C.A. 46. 8402c (1952).

Die Prüfung des Stärketrockenapparates "System Geils". Parow, E. Z.Spiritusind. 48. 382-83. (1925) - Ref. C. 1926. I. 1311.

Trocknen bei gewöhnlichem Druck unter Anwendung eines Ventilators. Matthers, J.M. Chem.metallurg.Engng. 29. 490-92 (1923) - Ref. C. 1924. I. 225.

Theoretische Unterlagen für den Bau einer Trockenstube in der Stärkefabrik. Goslich, W. Z.Spiritusind. 34. 339-40 (1911).

163. Vakuumtrocknung

50 Jahre Erfahrungen im Vacuumtrocknerbau und der zweckmäßigste Einsatz des Vacuums in der Stärketrocknung. Block, B. Stärke 4. 166-73 (1952) - Ref. C. 1953. 4616.

Staubfängerverluste im Kondensatwasserablauf von Vakuumtrockenanlagen. Sprockhoff, M. Z.Spiritusind. 52. 27 (1929) - Ref. C. 1929. I. 1400.

Der Wärmewirkungsgrad der Vakuumtrockner für Kartoffelstärke. Sprockhoff, M. Z.Spiritusind. 45. 253 (1922) - Ref. C. 1922. IV. 385.

Neuerung an rotierenden Vacuum-Trockenapparaten. Passburg, E. D.R.P. 94 176 Kl.89k vom 17/2. 1887, ausg. 11/10. 1897.

Verfahren zum Trocknen von Stärke im Vakuum. Maiche, L. D.R.P. 23 355 Kl.89k vom 31/12. 1882, ausg. 28/7. 1883.

164. Pneumatische Schnelltrocknung

Die Untersuchung der Stärketrocknung in einer zentrifugalen Trocknungsanlage. Pasiruk, K.I. Stärke 16. 16-19 (1964) - Ref.J. Chem.(russ.) 1964. 20 R289.

Die Automatisierung des Trocknungsprozesses von Stärke in einer pneumatischen Trockenanlage. Jeremejew, A.I. Zucker-Ind.(russ.) 37. Nr.1. 70-72 (1963) - Ref.J.Chem.(russ.) 1963. 15 R252.

Der pneumatische Trockner PSG-15 für Stärke. Gorbatow, W.M. Zucker-Ind.(russ.) 37. 59-61 (1963) - Ref.J.Chem.(russ.) 1963. 23 R300.

Der Luftfontänentrockner "Wa-was". Ryshow, A.N. Zucker-Ind.(russ.) 37. Nr.4. 57-59 (1963).

Der pneumatische Luftfontänentrockner "Wa-was" zur Stärketrocknung. Beker, M.Je. Zucker-Ind.(russ.) 35. Nr.7. 73-76 (1961) - Ref. Stärke 14. 149 (1962) - C. 1962. 18670.

Die Trocknung streuförmiger Lebensmittel in einem Saugtrockner. Rosenbau, T.Ja. und Iwantschenko, Ss.B. Zucker-Ind.(russ.) 35. Nr.8 25-28 (1961) - Ref. Stärke 14. 148 (1962).

Probleme beim pneumatischen Trocknen von Kartoffelstärke. Valchář, J. Průmysl Potravin 12. 362-65 (1961) - Ref.J.Chem.(russ.) 1962. 6 N343. Stärke 14. 227 (1962).

Eine pneumatische Anlage zum Trocknen von Stärke. Jeremejew, A.I. Zucker-Ind.(russ.) 34. Nr.11. 63-67 (1960) - Ref. Stärke 13. 276 (1961) - Ref.J.Chem.(russ.) 1961. 14 N391, C. 1962. 13978.

Der Trockner "Wa-was" zur Trocknung von feinem bröckligem und und pastenförmigem Material. Beker, M.Je. Spiritus-Ind.(russ.) 25. Nr.3. 42-44 (1959) - Ref. Stärke 14. 149 (1962).

Pneumatischer Trockenraum für Stärke. Průmysl. Potravin 10. 219 (1959).

Hochqualitäts-Schnelltrockner. Harte, W.H. Food.Engng. 24. 57. (1952) - Ref. Stärke 4. 270 (1952).

Die pneumatische Trocknung. Schneider, E. Stärke 2. 107-110.(1950). - Ref. C. 1951. I. 1239.

Trocknen von Feuchtstärke im Heißluft-Zyklonen-Separator. Singer, P.A. A.P.1 528 995 vom 28/8. 1922, ausg. 10/3. 1925.

165. Hochfrequenztrocknung

Hochfrequenztrocknung von Stärke. Maes, E. und Pietermaat, F.P. Rev.Ferment. 11. 106-10 (1956) - Ref. C.A. 50. 14251f (1956), C. 1959. 15208.

Hochfrequenztrocknung von Stärkeprodukten. Maes, E. und Pietermaat, F.P. Stärke 7. 170-73 (1955) - Ref. C.A. 50. 17498f (1956). C. 1957. 283.

166. Infrarottrocknung

Infrarot-Strahlen in der Stärkeindustrie. Nossberger, V. und Tošner, A. Stärke 10. 308-17 (1958) - Ref. C. 1959. 17536., C.A. 53. 9706e (1959).

17. Nachbehandlung der Stärke

171. Sichten
172. Bleichen
173. Haltbarmachen

171. Sichten

Die mechanische Verkleisterung von Stärke. Schulman, M.S. Arb. zentr.wiss.Forsch.-Inst.Spiritus- u.Likör-Branntwein-Ind.(russ.) 1961. Nr.10. 149 S. - Ref. C.A. 56. 617f (1962), Stärke 14. 157 (1962), Ref.J.Chem.(russ.) 1962. 12 N315.

Über den Wirkungsgrad des Klassierungsprozesses. Kurotschitzki, Tsch.K. Zucker-Ind.(russ.) 35. Nr.11. 50-54 (1961) - Ref. Stärke 14. 226 (1962), Ref.J.Chem.(russ.) 1962. 11 N294.

Apparatur zum Sieben von Stärke. Ito, N. Japan.P. 81 (58') ausg. 11/1. 1958. - Ref.J.Chem.(russ.) 1963. 4 R268.

Chemische und / oder physikalische Behandlung von Stärke oder davon abgeleiteten Produkten. Duintjer Wilkens Meihuizen & Co. N.V. (Erfinder L.J. Nieuvenhuyzen) D.A.S. 1 014 490 Kl.89k vom 27/9. 1955, veröff. 22/8. 1957, Holl.Prior. 29/9. 1954. - Ref. C. 1958. 5824, C.A. 54. 11524i (1960), Stärke 9. 184 (1957).

Der Mikroplex-Spiralwindsichter, eine neue Einrichtung zur scharfen Korntrennung unterhalb des Siebbereiches. Rumpf, H. und Kaiser, F. Stärke 4. 162-66 (1952).

Trennung von Stärke in Fraktionen verschiedener Korngröße. Mij. voor Kolenbewerking Stamicarbon, N.V. Holl.P. 68 538 vom 15/1. 1949, ausg. 15/8. 1951. - Ref. Stärke 4. 226 (1952), C.A. 46. 5873e (1952).

Gewinnung des Kleinkorns aus Kartoffelstärke. Hoffmann's Stärkefabriken AG. Holl. P. 55 841 vom 17/11. 1941, ausg. 15/1. 1944, D.Prior. 9/12. 1940. - Ref. C. 1944. I. 1247.

Gewinnung des Kleinkorns aus der Kartoffelstärke. Hoffmann's Stärkefabriken A.-G. (Erfinder: H. Ritter) D.R.P. 735 090.Kl.89k vom 14/7. 1938, ausg. 11/5. 1943. - Ref. C. 1943. II. 685.

172. Bleichen

(Vgl. auch "SO_2 und andere Zusätze": 156)

Bleichen und konditionieren mit Wasserstoffperoxyd. E.I. du Pont de Nemours & Co. (Erfinder: Young, J.H.) A.P. 2 777 749 ausg. 15/1. 1957. - Ref. C.A. 51. 5442f (1957).

Verfahren zum Bleichen von anderen organischen Materialien als Cellulose, z.B. von Kohlenhydraten wie Zucker und Stärke usw. Soc. d'Electro-Chimie, d'Electro-Métallurgie et des Aciéries Electriques d'Ugine, (Hampel, C.A.) DBP. 943 105 Kl.8i vom 30/9. 1950, ausg. 9/5. 1956. A.Prior. vom 11/1. 1943, 15/6. 1945. - Ref. Stärke 8. 213 (1956).

Bleichen von Mehl. General Mills, Inc.,Del.übert. von: Ch.G. Ferrari u. W.S. Hutchinson A.P.2 324 203 vom 16/8. 1940, ausg. 13/7. 1943. - Ref. C. 1945. II. 88.

Bleichen von Stärke. Mathieson Alkali Works, Inc., übert. von: Vincent, G.P. A.P.2 409 084, vom 3/8. 1940, ausg. 8/10. 1946. - Ref. C. 1947. 1805.

Die Adsorptionsisothermen beim Studium der technischen Entfärbung. Sorgato, I. Ric.Sez.sperim.Zuccheri 1. 133-149. - Ref. C. 1936. I. 2645.

Stärkefabrikation. Williams, A.E. Chem.Trade J.chem.Engr. 95. 57. (1934) - Ref. C. 1934. II. 3324.

Bleichen von Stärke. International Patents Development Co., übert. von: O.A. Sjostrom Can.P. 356 463 vom 25/9. 1934, ausg. 10/3. 1936. A.Prior. 14/7. 1934. - Ref. C. 1937. I. 454.

Bleichen von Stärke. International Patents Development Co. übert. von: O.A. Sjostrom A.P.2 052 320 vom .14/7. 1934, ausg. 25/8. 1936. - Ref. C. 1937. I. 454.

Bleichstärke. Holste, A. Bielefeld D.R.P. 231 960 Kl.89k vom 1/1. 1909, ausg. 3/3. 1911. - Ref. C.A. 6. 942 (1912).

Bleichen von Stärke mit Chlor und Ozon. Siemens & Halske D.R.P. 70012 Kl.89k vom 4/10. 1892, ausg. 7/7. 1893.

Verfahren der Behandlung von Kartoffelstärke mit Chlor in der Wärme. Siemens & Halske A.-G. D.R.P. 957 65 Kl.89k vom 6/7. 1895, ausg. 30/12. 1897. - Ref. C. 1898. I. 872.

Die praktischen Anwendungen des Ozons. Frölich, O. Elektrotechn.Z. 15. 572-574 (1894) - Ref. W.Ref. 2262.

Bleichen der Stärke durch Elektrizität. Saare, O. Z.Spiritusind. 15. 319-320 (1892) - Ref. W.Ref. 2256.

Verfahren zum Bleichen und Desinfizieren von Stärke, und Stärkemehlen durch Elektrolyse-Chloride enthaltendes Wasser. Hermitte, E. u. Dubosc, A. D.R.P. 70 275 Kl.89k vom 30/12. 1891, ausg. 11/8. 1893.

173. Haltbarmachung

(Konservieren, Sterilisieren, Verbessern. Vgl. auch "Mikroflora der Stärke":044)

Untersuchungen über die Gärungsverhütung von Rohstärke während der Lagerung. 5.Mitt. Die Lagerungsversuche mittleren Maßstabes unter Verwendung eines Nitrofuran-Derivates. J.technol.Soc. Starch (Japan) 11. 7-12 (1964) - Ref.J.Chem.(russ.) 1965. 23 R381.

Eine Maschine zur Vorbehandlung von Stärke. Tamarow, Je.W. Brot-u.Konditorei-Ind.(russ.) 8. Nr.1. 32-34 (1964) - Ref.Stärke 16. 371 (1964).

Die Haltbarmachung von Rohstärke. Murayama, I. Japan.P. 10 840 ('63) ausg. 1/7. 1963. - Ref. C.A. (M.) 59. 14186b (1963), Ref. J.Chem.(russ.) 1965. 16 R277.

Die Haltbarmachung von Rohstärke. Ueno, R. Japan.P. 10 839 ('63) ausg. 1/7. 1963. - Ref. C.A. (M.) 59. 14186c (1963), Ref.J. Chem.(russ.) 1965. 20 R335.

Stabilisierung der Stärke. Endo, N. Japan.P. 7384 (61') ausg. 12/6. 1961. - Ref.J.Chem.(russ.) 1963. 1 R307.

Verhinderung der Gärung von Feuchtstärke während der Lagerung. Goto, F. J.technol.Soc.Starch (Japan) 7. 149-51 (1960) - Ref.J.Chem. (russ.) 1962. 1 N358. C.A. 57. 8785a (1962).

Verhinderung der Verfärbung von Stärke. Pennsalt Chemicals Corp. (Erfinder: Koob, J.H. und Staubly, J.L.). F.P.1 260 348 vom 16/6. 1960, ausg. 25/8. 1961. A.Prior. 17/6. 1959. id.mit D.A.S. 1 146 820. - Ref. C. 1965. 30-2973.

Die Bearbeitung von Stärke. Tomijama, S. und Onoguti, K. Japan.P. 7577 ('59) ausg. 29/8. 1959. - Ref.J.Chem.(russ.) 1961. 14 N409.

Sterilisieren von Stärke. American Maize Products Co., übert. von: Evens, J.W. und Patten, E.M. van A.P.2 916 405 vom 12/6. 1956, ausg. 8/12. 1959. - Ref. C. 1961. 3841, Ref.J.Chem.(russ.) 1961. Nr.2 N323.

Symposium über Antisepsis und Pasteurisierung in der Gärungs- und Nahrungsmittelindustrie. Anwendung von Antibiotica in der Gärungs- und Nahrungsmittelindustrie. Hashida, W., Teramoto, S. und Mukai, Y. J.Fermentat.Technol. (Japan) 36. 507-509 (1958) - Ref. C.A. 53. 22558e (1959).

Bakteriostatische Wirkungen einiger Antiseptica auf in handelsüblicher Kartoffelstärke vorkommende Bakterien und deren Wirkung auf die Hitze-Abtötungsrate dieser Bakterien. Ueno, S. und Shimizu, W. Mem.Coll.Agric.,Kyoto Univ.Fish.Ser.Spec.Nr. 77-82 (1958) - Ref. C.A. 53. 11509h (1959) Stärke 12. 371 (1960).

Über die Sterilisierung von Handelsstärken. Sosogi, T. Bull.Japanese Soc.Sci.Fish. 23. 793-96 (1958) - Ref. C.A. 53. 6478b (1959) - Stärke 12. 253 (1960).

Verfahren zur Konservierung zersetzlicher Stoffe. Nipa Laboratories Ltd. u. Boehm, E. D.B.P. 947 827 vom 2/8. 1956. - Ref. Stärke 9. 14 (1957).

Sterilisieren von Stärke. American Maize Products Co. (Erfinder: Evans, J.W. und Nelson, G.E.) A.P.2 829 991 vom 20/6. 1956, ausg. 8/4. 1958. - Ref. C. 1959. 6321, C.A. 52. 13296c (1958).

Verhinderung einer Gärung oder Schimmelbildung. Aktiebolaget Berol. Produkter, (Erfinder: N.A. Schönfeldt u. E.B.M. Heldtmann). Schwed.P. 127 839 vom 14/9. 1945, ausg. 4/4. 1950. - Ref. C. 1951. I. 3275. Stärke 4. 11 (1952).

Sterilisieren von Stärke. Corn Products Refining Co., übert. von: Bulfer, A.J. A.P.2 401 813 vom 13/12. 1943, ausg. 11/6. 1946. - Ref. C. 1947. 144.

Die Konservierung stärke- und eiweißhaltiger Massen. Henk, H.-J. Seifensieder Ztg. 68. 297 (1941) - Ref. C. 1941. II. 2841.

Herstellung von bakterienfreier Stärke. American Maize-Products Co. übert. von: Schopmeyer, H.H. u. Felton, G.E. A.P.2 218 221 vom 13/9.1939, ausg.15/10.1940- Ref. C. 1941. I. 2189.

Behandlung von Stärke. Corn Products Refining Co. F.P. 858 922 vom 9/8. 1939, ausg. 6/12. 1940. A.Prior. 22/8. 1938 u. 20/7. 1939. - Ref. C. 1941. I. 3303.

Verbesserungen von Stärke- und ähnlichen Produkten. Penick & Ford Ltd. Inc. (Erfinder: Tennant, W.I.) E.P. 488 672 vom 9/3. 1937.

Konservierung von vergärbarem Zucker, Stärke, Dextrin, Casein oder Proteinen. Monsanto Chemical Co., übert. von: T.S. Carswell A.P.2 157 113 vom 20/5. 1937, ausg. 9/5. 1939. - Ref. C. 1939. II. 2720.

Herstellung von haltbarer Stärke. International Patents Development Co., übert. von: R.W. Kerr A.P.2 052 308 vom 5/3. 1934, ausg. 25/8. 1936. - Ref. C. 1937. I. 453.

Erhaltung von Leim, Stärke, Salben u. dgl. Quaker Oats Co., übertr. von: C.S. Miner. E.P. 214 573 vom 4/9. 1923, Auszug veröff. 12/6. 1924. - Ref. C. 1924. II. 1148.

18. Nach- und Nebenprodukte der Kartoffelstärkeindustrie (Abwässer)

180. Allgemeines
181. Gewinnung von Stärke und Alkohol aus Kartoffeln
182. Kartoffelfruchtwasser
183. Pülpe
184. Abwässer, Reinigung vund Verwertung

180. Allgemeines

Unschädlichmachung von Abwässern durch bessere Ausnutzung des Rohstoffes bei der Kartoffelstärkeerzeugung. Malcher, J. und Medal, K. Stärke 18. 141-154 (1966).

Die Verwertung von stärkehaltigen Nebenprodukten und Abfällen in den Fermentationsindustrien. Szejtli, J. Szeszipar 13. 65-68 (1965).

Ausnutzung der Abfallprodukte der Stärke-Sirup-Industrie. Gainetdinow, M.F. Zucker-Ind.(russ.) 38. 697-99 (1964) - Ref. C. 1965. 16-3029.

Ablaufverwertung und Abwasserreinigung in der Stärkeindustrie. Dietrich, K.R. Stärke 13. 11-19 (1961) - Ref. C. 1962. 14708.

Die Gewinnung von Nebenprodukten bei der Kartoffelmehlerzeugung. Peters, H. Ingenieur ('s Gravenhage) 72. Ch47-Ch53 (1960) - Ref. C. 1961. 4546. Stärke 14. 71 (1962).

Über die Verwertung der Abfälle aus den Kartoffelstärkefabriken. Zelenka, S. Stärke 10. 254-62 (1958) - Ref. C. 1959. 16497. C.A. 53. 8535h (1959).

Nebenprodukte bei der Kartoffelverarbeitung. Schuchardt, G. Chemiker-Ztg. 63. 557-58 (1939) - Ref. C. 1939. II. 3353.

Die Abfallverwertung in der Zucker-Stärke-, Zellstoff-Papier- und Textilindustrie, sowie im Brauereigewerbe. Haupt, H. Gesundheits-Ing. 58. 194. (1935) - Ref. C. 1935. II. 96.

Beseitigung von Stärkefabrikabfällen. Wagner, T.B. J.ind.Engng. Chem. 3. 99-100 (1911) - W.Ref. 2315.

Untersuchung der Fabrikationsabfälle in Waukegan. Bartow, E. Univ. Illinois, Engng.Exp.Stat.,Bull.Ser. 6. Nr.4. Water Survey Ser. Nr.6. 64-78 (1908) - W.Ref. 2426 A.

Verfahren zur Behandlung der Nachprodukte der Stärkefabrikation. Parow, E. Z.Spiritusind. 25. 249 (1902).

Verarbeitung von Schlammstärke und des in den Außenbehältern abgesetzten Stärkeschlammes. Saare, O. Wagner's Jber.chem.Technol. 32. 687-689 (1892) - W.Ref. 2253.

Über die Verwerthung der Stärkefabrikations-Rückstände. Thenius, G. Chemiker-Ztg. 2. 150 (1878) - W.Ref. 2207.

Nebenprodukte bei der Herstellung von Stärke und Zucker. (Auszug). Fittbogen, J. J.chem.Soc.(London) 25. 1136 (1872) - W.Ref. 2203.

Rückstände von der Stärkefabrication. Dtsch.Industrie-Ztg. 50. 496 (1868) - W.Ref. 2198.

181. Gewinnung von Stärke und Alkohol aus Kartoffeln.

Zur Frage des technisch-ökonomischen Nutzeffektes einer komplexen Kartoffelverarbeitung. Marina, L.N. Zucker-Ind.(russ.) 40. Nr.3. 53-56 (1966).

Die komplexe Gewinnung von Stärke und Alkohol. Wasowicz, S. Przemysl rolny 8.Nr.12. 2-6 (1963) - Ref.J.Chem.(russ.) 1965. 7 R276.

Die kombinierte Verarbeitung von Kartoffeln auf Stärke und Alkohol. Ulmann, M. Nahrung 7. 86-91 (1963) - Ref. Stärke 15. 115 (1963) C. 1964. 6/7-2804 C.A.(M.) 58. 14279b (1963) Ref.J.Chem.(russ.) 1963. 23 R296.

Die kombinierte Verarbeitung von Kartoffeln. Winokur, Ju.M. Spiritus-Ind.(russ.) 28. Nr.5. 29-31 (1962) - Ref. C. 1963. 10293.

Verfahren zur Herstellung von Papier für photographische Aufnahmen. Winokurow, E.F. Russ. P. 18 034 vom 2/11. 1929, ausg. 30/9. 1930 - Ref. C. 1931. II. 1808.

Ein komplexes Verfahren zur Verarbeitung von Kartoffeln. Wasowicz, S. Poln.P. 45 592 ausg. 2/5. 1962. - Ref.J.Chem.(russ.) 1963. 8 R258.

Die Verarbeitung der Abgänge der Stärkeindustrie gemeinsam mit Getreide. Kerner, A.M. Spiritus-Ind.(russ.) 28. Nr.4. 32 (1962) - Ref. C.A. 57. 7739c (1962), C. 1963. 7971.

Untersuchung und Durchführung eines technologischen Schemas für die kombinierte Verarbeitung von Kartoffeln auf Stärke und Alkohol in der Mitschurinsker Brennerei. Jarowenko, W.L., Ustinnikow, B.A., Pychowa, Ss.W. und Lasarewa, A.N. Arb.zentr.wiss.Forsch.-Inst.Spiritus- u. Likör-Branntwein-Ind.(russ.) 1962. Nr.12. 46-63. - Ref.J.Chem.(russ.) 1963. 20 R233.

Die kombinierte Gewinnung von Stärke und Alkohol. Jarowenko, W.L. in Sammlung: "Die Herstellung neuer Arten von Produkten in der Alkoholind." (russ.) Moskau, Pischtschepromisdat 1961. 5-19. - Ref.J.Chem.(russ.) 1962. 12 N317.

Ergebnisse der komplexen Verarbeitung von Kartoffeln auf Stärke und Spiritus im Gebiet Rjasan. Lischanin, P.Je. Zucker-Ind. (russ.) 35. Nr.8. 63-65 (1961) - Ref. Stärke 14. 148 (1962), C. 1963. 5291.

Kombinierte Herstellung von Stärke und Alkohol. Brisch, W.N., Daniljak, N.I. und Tumanow, B.A. Zucker-Ind.(russ.) 35. Nr.3. 65-67 (1961) - Ref. Stärke 13. 423 (1961).

Gleichzeitige Herstellung von Alkohol und Stärke von Kartoffeln. Selenskij, W.M. Spiritus-Ind.(russ.) 27. Nr.4 30-31 (1961), - Ref. C.A. 55. 19128b (1961), C. 1964. 20-2780.

Kombinierte Herstellung von Stärke und Alkohol. Brisch, W.N., Daniljak, N.I. und Tumanow, B.A. Spiritus-Ind.(russ.) 26. Nr.8. 29-32 (1960) - Ref.C.A. 55. 5859b (1961) , Stärke 14. 148 (1962).

Die komplexe Verarbeitung von Kartoffeln zu Stärke und Äthylalkohol. Nagorny, Ja.A. und Lauschkin, N.P. Spiritus-Ind.(russ.) 26. Nr.6. 30-34 (1960) - Ref. Stärke 13. 277-78 (1961), C. 1963. 724.

Die kombinierte Gewinnung von Stärke und Alkohol. Brisch, W.N., Daniljak, N.I. und Tumanow, B.A. Spiritus-Ind.(russ.) 1960. Nr.8. 29-32. - Ref.J.Chem.(russ.) 1961. 14 N390.

Kombinierte Verarbeitung von Kartoffeln auf Alkohol und Stärke. Jarowenko, W.L., Skalkina, Je.P. und Pychowa, Ss.W. Spiritus-Ind. (russ.) 26. Nr.4. 4-7 (1960) - Ref. C. 1961. 1039. Stärke 13. 151 (1961).

Stärke und Äthanol aus stärkehaltigem pflanzlichem Material. Malcher, J. und Lan, J. E.P. 844 253 ausg. 10/8. 1960. - Ref. C.A. 55. 5865b (1961) , C. 1961. 16309.

Kombinierte Herstellung von Stärke und Alkohol. Malcher, J. und Lán, J. Tschechosl.P. 88 315 ausg. 15/1. 1959. - Ref. C.A. 55. 25156e (1961).

Komplexe Verarbeitung von Kartoffeln auf Stärke und Alkohol. Lischanin, P.Je und Nagorny, Ja.A. Spiritus-Ind.(russ.) 25. Nr.6. 25-28 (1959) - Ref. C. 1960. 4699, C.A. 53. 22720d (1959), Stärke 13. 151 (1961).

Kombinierte Gewinnung von Stärke und Alkohol in Brennereien. Burman, M.Je. und Jurtschenko, Je.I. Spiritus-Ind.(russ.) 24. Nr.6. 19-22 (1958) - Ref. C. 1959. 6322.

Zur Frage der kombinierten Gewinnung von Stärke und Alkohol in den Brennereien. Selikman, G.F. Spiritus-Ind.(russ.) 24. Nr.7. 30-31 (1958) - Ref. C. 1959. 7318.

Verfahren und Einrichtung zur gleichzeitigen Gewinnung von Stärke und Äthylalkohol. Malcher, J. It.P. 573 387 vom 18/6. 1957.

Gewinnung von Stärke und Äthylalkohol. Malcher, J. und Lan, J. Aust.P. 226 456 vom 7/6. 1957, ausg. 18/2. 1960. - Ref. C. 1962. 6243.

Gewinnung von Stärke und Alkohol aus Vegetabilien, besonders aus Kartoffeln. Svenska Jästfabrieks Aktiebolaget (Erfinder: N.R. Normander) Schwed.P. 122 511 vom 21/4. 1945, ausg. 31/10. 1948. - Ref. C. 1948. E.677.

Die Verarbeitung der Neben- und Abfallprodukte der Stärkefabrikation in der Brennerei. Kilp, W. und Buse, R. Z.Spiritus-Ind. 61. 169-70; Brennerei Ztg. 55. 89-90, 93-94.(1938) - Ref. C. 1938. II. 2856.

Eine Arbeitsverbindung zwischen Stärkefabrik und Brennerei. Sprockhoff, M. Z.Spiritusind. 52. 261 (1929).

182. Kartoffelfruchtwasser

1821. Bedeutung und Verwertung
1822. Gewinnung von Kartoffelfruchtwasser
1823. Eiweißgewinnung (Futtermittelgewinnung)
1824. Kultur von Futterhefen
1825. Aminoverbindungen

1821. Bedeutung und Verwertung

(Vgl. auch "Die Kartoffel, Eiweiß und Aminosäuren": 115, "Abwässer, Reinigung und Verwertung": 184)

Die Ausnutzung von Fruchtwasser und Pülpe von Kartoffeln für die Gewinnung von Vitamin B_{12} zu Futterzwecken. Pasiruk, K.I., Safronow, G.P. und Maslowa, L.G. Zucker-Ind.(russ.) 40. Nr.3. 49-53 (1966).

Die Verwertung von Kartoffelfruchtwasser in mikrobiellen Verfahren. Jönsson, A.G. Stärke 16. 66-68 (1964).

Die Schnellbestimmung des Reineiweißgehaltes im Knollenwasser von Kartoffeln. Mica, B. Průmysl Potravin 14. 216-17 (1963) - Ref. Stärke 15. 459 (1963).

Eine Vorrichtung zur Niederschlagung fester Teilchen aus Fruchtwasser der Stärkeindustrie vor der Eindickung. Sukovatý, J. Tschechosl.P. 99 749 ausg. 15/5. 1961. (- Ref.J.Chem.(russ.) 1963. 4 R269.

Herstellung von Biomycin in der Nemaschajewsker Fabrik für Futterantibiotica. Tantschenko, I.M., Sawtschenko, N.Ja. und Ssemernja, W.M. Spiritus-Ind.(russ.) 26. Nr.5. 24-28 (1960) - Ref. C.A. 54. 21627i (1960).

Verfütterung des Fruchtabwassers aus Kartoffelstärkefabriken an Milchkühe. Dudáš, F. und Hanáček, S. Sbornik Vysoké Školy Brnǒ 1960. 93-102. - Ref. Stärke 13. 313 (1961).

Die Möglichkeiten zur Fruchtwasserverwertung in Kartoffelstärkefabriken. Siebert, K. Ernährungsforschung 4. 183.-252 (1959) - Ref. C. 1960. 3402.

Kartoffelfruchtwasser als Gärungswirkstoff. Alkohol-Ind. 72. 635 (1959) - Ref. Stärke 12. 316 (1960).

Die Verwertung des Fruchtwassers der Kartoffelstärkefabriken. Hospes, B. und Bielicki, W. Przemysł Spożywczy 10. 451-55 (1956) - Ref. C. 1958. 1161.

Die Problematik der Kartoffelfruchtwasserverwertung. Heydt, G. Stärke 8. 168-75 (1956) - Ref. C. 1957. 13829.

Wirkstoffe der Kartoffel im Betrieb der Kartoffelfabriken. Bauer,W. Stärke 5. 40-41 (1953).

Erfahrungen über die Verwertung des Kartoffelfruchtwassers. Schrepfer, R. Stärke 4. 92-95 (1952).

Über die Bedeutung der Natur der Eiweißsubstanzen in der Stärkeindustrie. Meyer, H. Dtsch.Lebensmittel-Rdsch. 44. 183-87 (1948).

Eine Schnellmethode zur Bestimmung des Trockensubstanzgehaltes und des füllbaren Eiweißes im Kartoffelfruchtsaft. Wolff, O. Z.Spiritusind. 65. 87 (1942) - Ref. C. 1942. II. 1977.

Wirkung von Kartoffelextrakt auf das Wachstum von Phycomyces. Robbins, W.J. und Hammer, K.C. Bot.Gaz. 101. 912 (1940) - Ref. C. 1941. I. 78.

Düngemittel aus Kartoffelfruchtwasser. Evers, Jan R.; Hateren, R. van, Engels, L. u. Opheikens, J. Holl.P. 49 523 vom 27/1. 1939, ausg. 15/10. 1940. - Ref. C. 1940. II. 3693.

Brikettbindemittel. Kovàts, Ludwig Ung.P. 121 424 vom 14/7. 1938, ausg. 1/9. 1939. - Ref. C. 1940. II. 3577.

Nochmals Fruchtsaftverwertung. Beck, F. Z.Spiritusind. 61. 93. 31/3. (1938) - Ref. C. 1939. I. 1471.

Zur industriellen Verwertung des Kartoffelsaftes. Kröner, W. Z. Spiritusind. 60. 9 (1937) - Ref. C. 1937. I. 3560.

Verwertung des Kartoffelfruchtwassers. Beck, F. Z.Spiritusind. 59. 89 (1936).

Über die Verwertung des Kartoffelfruchtsaftes auf Rieselfeldern. Beck, Fritz Z.Spiritusind. 59. 149. (1936) - Ref. C. 1936. II. 1453.

Welche für die Bereiselung der Wiesen geeigneten Mengen Nährstoffe sind in dem Fruchtwasser einer Kartoffelstärkefabrik vorhanden, sind diese für Fische schädlich? Parow, E. Z.Spiritusind. 50. 178 (1927).

Kartoffelfruchtwasser als Zusatz zum Kesselspeisewasser. Müller. Z.Spiritusind. 50. 218 (1927).

1822. Gewinnung von Kartoffelfruchtwasser

(Vgl. auch "Kartoffelzerkleinerung und Auswaschen der Stärke": 13)

Verfahren für die Abtrennung von nicht oder wenig verdünntem Kartoffelfruchtwasser aus Reibseln. Deutsche Maizena Werke A.G. Holl.P. 64 510 Kl.89k vom 4/3. 1944, ausg. 15/10. 1949. D.Prior. vom 5/3. 1943.

Verfahren für das kontinuierliche Gewinnen eines praktisch bodensatzfreien Fruchtwassers von hoher Konzentration aus Kartoffeln. Deutsche Maizena Werke A.G. Holl.P. 56 977 Kl.89k vom 1/4. 1942, ausg. 15/9. 1944. D.Prior. vom 21/6. 1941.

Gewinnung von konzentriertem Kartoffelsaft. Deutsche Maizena Werke A.G. u. Leipziger Maschinenbau-Ges. W. Uhland & Co. E.P. 880 292 vom 17/3. 1942, ausg. 22/3. 1943. D.Prior. 21/6. 1941. - Ref. C. 1944. I. 1145.

Steigerung der Ausbeute an Kartoffelfruchtwasser. Metallgesellschaft A.G. (Erfinder: Konrad Mattern) Frankfurt a.M. D.R.P. 744 126 Kl.53i vom 13/3. 1942, ausg. 10/1. 1944 - Ref. C. 1944. I. 134.

Die Saftabscheidung in Kartoffelstärkefabriken. Kröner, W. und Witt, F. Z.Spiritusind. 63. 33-34 (1940) - Ref. C. 1940. I. 2401.

Verfahren und Vorrichtung zum Entwässern von Kartoffel- oder Zuckerrübenbrei. Scholten's Aardappelmeelfabrieken, (Erfinder: Groen, M.G.) Holl.P. 55 858 Kl.89k vom 11/12. 1940, ausg. 15/2. 1944. - Ref. C. 1944. I. 1442.

Verfahren und Vorrichtung zum Abtrennen des Fruchtwassers aus Kartoffelbrei oder dgl. Evers, I.R., Hateren, R. van; Engels, L, Opheikens, I. D.R.P. 759 474 Kl.89k vom 3/5. 1940, ausg. 29/1. 1942.

Die Gewinnung unverdünnten Kartoffelsaftes. Kröner, W. und Reischel, W. Vorratspflege u. Lebensmittelforsch. 2. 59-64; Z.Spiritusind. 62. 61-62 (1939) - Ref. C. 1939. I. 3814.

Verfahren, Kartoffelbrei oder dergl. durch Pressen vom Saft zu befreien. Evers, J.R., van Hateren, R., Engels, L. und Opheikens, J. Holl.P. 57 376 Kl.89k vom 22/12. 1939, ausg. 15/4. 1946. Zusatz zum Holl.P. 54 406 vom 15/4. 1943.

Verfahren und Vorrichtung, Kartoffelreibsel oder dergl. durch Pressen vom Saft zu befreien. Evers, J.R., von Hateren, R., Engels, L. und Opheikens, J. Holl.P. 54 406 Kl.89k vom 10/11.1939, ausg. 15/5. 1943.

Die Entsaftung geriebener Kartoffeln durch ein hydraulisches Pressefilter. Jirak, L.W. Z.Spiritusind. 61. 217, 227-228, 335-336 (1938) - Ref. C. 1938. II. 3757.

Gewinnung eines praktisch stärkefreien, unverdünnten Fruchtwassers aus Kartoffeln. Deutsche Maizena Werke GmbH. (Erfinder: K. Schlieter) D.B.P. 909 440 Kl.89k vom 16/6. 1937, ausg. 22/4. 1954. - Ref. C. 1955. 237.Stärke 6. 112 (1954).

Fruchtsafteindickung in Kartoffelmehlfabriken. Beck, F. Z.Spiritusind. 59. 441 (1936).

Anlage zum Vorentwässern von Kartoffeln durch Pressen. Koeniger, W. und Dorr-Gesellschaft m.b.H. D.R.P. 684 787 Kl.53c vom 17/3. 1935, ausg. 5/12. 1939.

Apparat zur Abscheidung des Fruchtwassers aus Kartoffelreibsel behufs Gewinnung von Eiweißstoffen. Engelkens, L.H. D.R.P. 105 284 Kl.53i vom 16/4. 1898, ausg. 6/9. 1899.

1823. Eiweißgewinnung (Futtermittelgewinnung)

(Vgl. auch "Gewinnung von Kartoffelfruchtwasser": 1822)

Erzeugung von Eiweißfutter durch Fermentation des Abfall-Fruchtwassers der Kartoffelstärkefabriken. Zelenka, S. und Čejková-Janáková, R. Sborník Vysoké Školy chem.-technol. Praze Potravinářská Technol. 6. 299-312 (1962) - Ref. C. 1965. 29-2974.

Die Gewinnung von rohem Eiweiß aus Fruchtwasser der Kartoffelstärkeindustrie. Sroczynski, A. Zeszyty naukowe Politechn.Lódzkiej 1961. Nr.42. 5-80. - Ref.J.Chem.(russ.) 1962. 23 N384.

Ausnutzung des Abfall-Fruchtwassers von Stärkefabriken bei der fermentativen Gewinnung von Eiweißfutter. Zelenka, S. und Čejková, R. Stärke 13. 240-47 (1961) - Ref. C.A. 55. 21418e (1961), C. 1962. 15062, Ref.J.Chem.(russ.) 1962. 5 N336.

Versuche zur Eiweißgewinnung aus Kartoffelfruchtwasser mit Hilfe von Ionenaustauschern. Siebert, K. Ernährungsforschung 4. 253-68 (1959) - Ref. C. 1959. 16501., C.A. 53. 23018g (1959), Ref. J.Chem.(russ.) 1960. 15307.

Versuche zur Gewinnung von Kartoffeleiweiß. Lockau, S. Forschungsber.Wirtschafts- u. Verkehrsminist.Nordrhein-Westfalen Nr. 524. 42 S. (1958) - Ref. Stärke 10. 330 (1958).

Versuche zur Verschäumung und Entschäumung von Kartoffelfruchtwasser. Siebert, K. Ernährungsforschung 2. 127-42 (1957) - Ref. C. 1958. 4049, Stärke 10. 267 (1958), C.A. 51. 18664h (1957).

Verfahren zur Gewinnung von Eiweiß aus Kartoffelfruchtwasser, wobei das Fruchtwasser mit heißem Dampf in intensiven Kontakt gebracht wird. Cooperative Verkoop en Product. van Aardappelmeel en Derivaten "AVEBE" G.A. (Erfinder: Vlasblom, M. und Peters,H.) DAS 1 021 243 vom 19/12. 1957. - Ref. Stärke 10. 22 (1958) , C. 1958. 9377.

Die Eiweißgewinnung aus dem Fruchtwasser der Kartoffel. Baier, E. Lebensmittelindustrie 3. 281-82 (1956) - Ref. C. 1958. 1447.

Neuere Erkenntnisse über die Gewinnung von Eiweiß aus dem Kartoffelfruchtwasser. Goldbach, W. Stärke 7. 173-77. (1955).

Eiweißgewinnung aus Kartoffelfruchtwasser. Stichting Proefstation voor Aardappelverwerking T.N.O. (Erfinder: Janzen, G.J. u. de Man, J.C.) D.A.S.1 020 520 Kl.53i vom 11/10. 1955, veröff. 5/12. 1957. Holl.Prior. 14/10. 1954) - Ref. C. 1958. 11979, Stärke 10. 262 (1958).

Gewinnung von Kartoffeleiweiß. Landwirtschaftliche Kartoffelverwertungs-Akt.-Ges. (Erfinder: Walter Goldbach) D.B.P. 960 602 Kl.53i vom 31/3. 1955, ausg. 21/3. 1957 Anmeldung bekanntgemacht 27/9. 1956. Zusatz zu D.B.P. 893 283; - Ref. C. 1958. 1725, Stärke 9. 184 (1957).

Gewinnung von Kartoffeleiweiß. Landwirtschaftliche Kartoffelverwertungs-Akt.-Ges. Oe.P. 193 704 vom 18/3. 1955, ausg. 10/12. 1957. Zusatz zu Oe.P. 170 903; - Ref. C. 1958. 10527.

Die Behandlung des Kartoffelfruchtwassers und die industrielle Gewinnung der Albumine. Grunewald, A. Stärke 6. 182-86 (1954) - Ref. C. A. 49. 2103i (1955) , C. 1956. 9874.

Herstellung von Eiweißhydrolysaten aus Kartoffeln und Kartoffelabfällen. Wise Potato Chip Co. (Erfinder: Xander, P.A.) D.B.P. 940 983 Kl.12q vom 12/1. 1954, ausg. 29/3. 1956. - Ref. Stärke 8. 129 (1956).

Eiweißgewinnung aus Kartoffelstärkefruchtwasser. United States of America, übert.von: Greathouse, L.H., Smith, B.A., Robinson, H.M. und Haydel, Ch.H.) A.P.2 744 014 vom 26/8. 1952, ausg. 1/5. 1956. - Ref. C. 1957. 6922.

Gewinnung von Kartoffeleiweiß. Landwirtschaftliche Kartoffelverwertungs A.-G. (Erfinder: W. Goldbach) D.B.P. 893 283 Kl.53i vom 16/12. 1951, ausg. 15/10. 1953. - Ref. C. 1954. 2935.

Gewinnung von Proteinhydrolysaten aus Kartoffeln und -abfällen. Wise Potato Chip Co., übert. von: P.A. Xander A.P.2 666 080 vom 3.11. 1950, ausg. 12/1. 1954, - Ref. C. 1955. 4481.

Gewinnung von Kartoffeleiweiß. Landwirtschaftliche Kartoffelverwertungs-Akt.-Ges. Oe.P. 170 903 vom 18/4. 1950, ausg. 10/4. 1952. - Ref. C. 1953. 6164.

1823

Eiweiß aus Kartoffeln. Chemie-Ing-Techn. 26. 715 (1954) - Ref. Stärke 7. 38 (1955).

Verfahren zur Eiweißgewinnung. Kornis, E. Oe.P. 174 528 vom 28/1. 1950, ausg. 10/4. 1953. - Ref. C. 1954. 5650.

Die Verwertung von Kartoffelsaft zur Gewinnung von Eiweißkörpern und sonstigen Inhaltsstoffen. Heyns,K. und Graefe, G. Z.Lebensmittel-Unters. u. Forsch. 89. 255-61 (1949) - Ref. C. 1950. II. 2381.

Gewinnung von proteinreichen Stoffen, die als Viehfutter verwendet werden können. Jonás, V. F.P. 975 304 vom 19/11. 1948, ausg. 5/3. 1951. Tschech.Prior. 24/11. 1947. - Ref. C. 1953. 6166.

Gewinnung von Eiweißstoffen aus Kartoffelsaft. Nederlandsche Organisatie voor Toegepast Natuurwetenschappelijk Onderzoek ten Behoeve van de Landbouwnijverheid. F.P. 954 356 vom 17/10. 1947, ausg. 23/12. 1949 Holl.Prior. 27/11. 1946. - Ref. C. 1950. II. 121.

Proteine aus Kartoffelsaft. Aardappelmeelfabrik, N.V. "Onder Ons". Holl.P. 59 329 ausg. 15/4. 1947. - Ref. C. 1948. I. 417.

Proteingewinnung aus Kartoffeln. Nederlandsche Organisatie voor Toegepast Natuurwetenschapp. Onderzoek ten Behoeve van den Landbouw-Nijverheid Holl.P. 60 985 vom 27/11. 1946 ausg. 15/4. 1948. - Ref. C. 1949. II. 926.

Gewinnung von verschiedenartigen Albuminen aus den Abwässern der Kartoffelstärkefabrikation. Zellwolle- und Kunstseidering G.m.b.H. F.P. 901 338 vom 19/1. 1944, ausg. 24/7. 1945. D.Prior. 3/1. 1943. - Ref. C. 1949. E.3354.

Gewinnung des in den Abwässern der Kartoffelstärkefabrikation enthaltenen Eiweißes. Landwirtschaftliche Stärkefabrik Brandenburg (Havel) e.G.m.b.H. (Erfinder: Rockenschuh, W.) D.R.P. 747 180 Kl.53g vom 23/6. 1942, ausg. 13/9. 1944. - Ref. C. 1945. I. 1314.

Verfahren zur Herstellung von durch Säuren ausfällbaren Eiweißstoffen. Zellwolle- u. Kunstseide-Ring F.P. 901 408 vom 6/11. 1944. veröff. 26/7. 1945.

Verfahren für das Verbessern der Farbe, der durch mechanische Abtrennung vom Fruchtwasser aus Kartoffelreibsel gewonnenen Produkte, insbesondere für die Gewinnung von leicht gefärbtem Eiweiß durch Bleichen mit reduzierenden Schwefelverbindungen. W.A. Scholten's Aardappelmeelfabrieken, N.V. (Erfinder: Groot, E.H.) Holl.P. 62 269 Kl.53i vom 7/8. 1943, ausg. 15/12. 1948.

Protéine. Soc.des Laboratories de Recherches pour Applications Industrielles F.P. 978 001 vom 8/12. 1942, ausg. 9/4. 1951. - Ref. C.A. 47. 5578 (1953), Stärke 5. 224 (1953).

Interessante Untersuchungen in holländischen Laboratorien. Kartoffelmehlfabriken vor einer neuen Aufgabe. Niederlande (Amsterdam) 8. Nr.2. 9-10 (1942) - Ref. C. 1945. II. 83.

Wiedergewinnung von Proteinen aus Abfallmaterial. Tennessee Vallay Authority, übert. von: Rushton, E.R. A.P.2 379 929 vom 22/6. 1942, ausg. 10/7. 1945. - Ref. C. 1949. E.3187.

Nutzbarmachung der Abwärme bei der Kartoffeleiweißgewinnung. Metallgesellschaft A.-G. (Erfinder: K. Mattern) D.R.P 745 045 Kl.53i vom 23/4. 1942, ausg. 24/2. 1944. - Ref. C. 1944. I. 1340.

Verfahren zum Extrahieren von Eiweiß aus dem Saft von Kartoffeln. Deutsche Maizena Werke A.-G. Belg.P. 445 260 vom 18/4. 1942, Auszug veröff. 28/2. 1943 D.Prior. 15/7. 1941. - Ref. C. 1944. II. 595.

Gewinnung von konzentrierten Eiweißstoffen aus Kartoffelfruchtwasser. Deutsche Maizena Werke A.-G. F.P. 880 789 vom 2/4. 1942, ausg. 5/4. 1943. D.Prior. 15/7. 1941. - Ref. C. 1944. I. 327.

Nutzbarmachung der Eiweißstoffe und des Vitamingehaltes von Kartoffelfruchtwasser. Parlow, A. (Erfinder: Parlow, A. und Ludwig, P.) D.R.P. 743 713 Kl.53i vom 19/3. 1942, ausg. 31/12. 1943. - Ref. C. 1944. I. 1145.

Extraktion von Eiweißstoffen aus Futterkuchen beliebiger Herkunft. Soc.â.r.l.E. & S.Gisclard und O. Sackur. F.P. 888 243 vom 14/2. 1942, ausg. 7/12. 1943. - Ref. C. 1944. II. 597.

Verfahren zur Gewinnung von Kartoffeleiweiß. Donau-Chemie A.-G. Holl.P. 57 325 Kl.53i vom 7/2. 1942, bek.gem. 15/7. 1944. D. Prior. vom 8/2. 1941.

Gewinnung von Kartoffeleiweiß. Donau-Chemie A.G. Belg.P. 444 399 vom 7/2. 1942, Auszug veröff. 18/1. 1943. - Ref. C. 1944. I. 498.

Gewinnung von Eiweißstoffen aus Kartoffelfruchtwasser. Donau-Chemie. A.-G. F.P. 879 027 vom 4/2. 1942, ausg. 11/2. 1943. D.Prior. 8/2. 1941. - Ref. C. 1943. II. 191.

Verfahren zur Nutzbarmachung von Kartoffelfruchtwasser. Stärkefabrik Naugard, e.G.m.b.H. D.R.P. 737 538 Kl.53i/1/08 vom 20./11. 1941, ausg. 16/7. 1943. - Ref. C. 1943. II. 2220.

Gewinnung eines hochprozentigen Eiweißes aus Kartoffelfruchtwasser. Deutsche Maizena-Werke A.-G. (Erfinder: Kurt Heyns, G.Graefe u. K. Schlieter). D.R.P. 744 976 Kl.53i /1/08 vom 16/7. 1941, ausg. 22/2. 1944. - Ref. C. 1944. I. 1340.

Herstellung leichtlöslicher haltbarer Trockeneiweißpräparate aus Kartoffelfruchtwasser. Metallgesellschaft A.G. (Erfinder: Kretzdorn, F.) Schwed.P. 109 523 vom 30/6. 1941, ausg. 11/1. 1944. D.Prior. 17/7. 1940. - Ref. C. 1945. I. 1314.

Gewinnung von Eiweiß oder Eiweißstoffen durch Fällung aus solche enthaltenden Lösungen. Metallgesellschaft A.-G. (Erfinder: F. Kaysser) D.R.P. 725 302 Kl.53i vom 28/5. 1941, ausg. 19/9. 1942. - Ref. C. 1942. II. 2545.

Gewinnung von Kartoffeleiweiß. Donau Chemie A.-G. Oe.P. 753 426/434 vom 9/2. 1941, ausg. 10/12. 1952. - Ref. C. 1953. 8739.

Verfahren und Vorrichtung zur Gewinnung eines eiweißhaltigen Trockenerzeugnisses aus Schlempe aller Art. Metallges. A.-G. (Erfinder: C.R. Bühler). D.R.P. 733 113 vom 19/1. 1941, ausg. 19/3. 1943. - Ref. C. 1943. I. 2360.

Die Anwendung der Zerschäumung. Meyer, W. Cbl. Zuckerind. 48. 449-52 (1940) - Ref. C. 1940. II. 1517.

Eiweißausbeuten bei erfrorenen Kartoffeln. Kröner, W. und Völksen, W. Z.Spiritusind. 63. 233-34 (1940) - Ref. C. 1941. I. 295.

Der Stand der Eiweißgewinnung in Kartoffelstärkefabriken. Kröner, W. Forschungsdienst 8. 366-74. (1939) - Ref. C. 1940. I. 798.

Erfahrungen mit der Vietzer Kartoffeleiweißanlage. Kröner, W., Schrepfer, R. und Bögel, G. Z.Spiritusind. 62. 139-40, 147-48, 155-56 (1939) - Ref. C. 1939. II. 1194.

Gewinnung von Kartoffeleiweiß durch Wärmeflockung. Kröner, W., Schrepfer, R. und Bögel, G. Vorratspflege u. Lebensmittelforsch. 2. 211-22 (1939) - Ref. C. 1939. II. 3500.

Fällung von Eiweißfraktionen aus Lösungen, die arm an diesen Proteinen sind. Ladewig, P. Nature (London) 144. 76 (1939) - Ref. C. 1939. II. 2356.

Aufarbeitung von proteinhaltigen Abwässern. Industrial Patents Corp., übert. von: Sanders, M.D. A.P.2 328 361 vom 23/8. 1939, ausg. 31/8. 1943. - Ref. C. 1945. II. 160.

Verarbeiten von Schäumen. Ostwald, W., Siehr, A. und Erbring, H. D.R.P. 705 681 Kl.12a vom 18/1. 1938, ausg. 6/5. 1941. - Ref. C. 1941. II. 517.

Über Zerschäumungsanalyse. II. Ostwald, Wo. und Siehr, A. Kolloid-Z. 79. 11-15 (1937) - Ref. C. 1937. II. 26.

Gewinnung des Eiweiß aus dem Fruchtwasser der Kartoffeln durch Kreislaufzerschäumung. Ostwald, W., Erbring, H. und Siehr, A. D.R.P. 660 992 Kl.53i vom 19/1. 1937, ausg. 8/6. 1938. - Ref. C. 1938. II. 2364.

Herstellung eines eiweiß- und kohlenhydrathaltigen Futtermittels. Maschinenfabrik Imperial G.m.b.H. (Erfinder: O. Hoening) D.R.P. 709 366 Kl.53g vom 24/6. 1939, ausg. 14/8. 1941. - Ref. C. 1944. II. 2751.

Über Zerschäumungsanalyse. Siehr, A. Kolloid-Z. 77. 251-52 (1936) - Ref. C. 1937. II. 26.

Über Zerschäumungsanalyse. Ostwald, Wo. und Siehr, A. Kolloid-Z. 76. 33-46 (1936). - Ref. C. 1937. I. 2560.

Herstellung von Futtereiweiß in Form von Trockenschlempe in landwirtschaftlichen Kartoffelbrennereien und Kartoffeltrocknereien. Lühder, E. Z.Spiritusind. 60. 43-44. 46 (1937) - Ref. C. 1937. I. 4170.

Neue Wege zur Eiweißfuttererzeugung in den landwirtschaftlichen Brennereien im Rahmen des Vierjahresplanes. Fink, H. Z.Spiritusind. 60. 57-61 (1937) - Ref. C. 1937. I. 4170.

Ausfällen von Eiweiß aus Flüssigkeiten. Buffalo Foundry & Machine Co., übert. von: Ch.O. Lavett A.P.2 188 908 vom 13/12. 1937, ausg. 6/2. 1940. - Ref. C. 1943. II. 191.

Eiweißhaltige Lösungen als Eiersatz. Long Eaton Fabric Co., Ltd. und H.Fischer. E.P. 483 430 vom 4/6. 1937, ausg. 19/5. 1938. D.Prior. 26/9. 1936. - Ref. C. 1938. II. 2365.

Herstellung von Würzen, Nähr- und Futtermitteln aus rohem Kartoffelfruchtwasser. Norddeutsche Kartoffelmehl-Fabrik m.b.H. (Erfinder: G. Düll) D.R.P. 688 659 Kl.53i vom 30/1. 1937, ausg. 27/2. 1940. - Ref. C. 1940. I. 3467.

Die Eiweißgewinnung in Kartoffelstärkefabriken. Kröner, W. Forschungsdienst 2. 537-42 (1936) - Ref. C. 1937. I. 3560.

Ein Beitrag zur Frage der technischen Gewinnung von Kartoffeleiweiß. Kröner, W. und Falte, H. Z.Spiritusind. 59. 409-10, 417-18, 425-26, 433 (1936) - Ref. C. 1937. I. 3559.

Herstellung von Eiweißkörpern. Timmermann, E. D.R.P. 667 974 Kl.53i vom 24/9. 1936 ausg. 24/11. 1938. - Ref. C. 1939. I. 1889.

Herstellung gerinnungsfähiger Eiweißlösungen. Timmermann, E. D.R.P. 661 845 Kl.53i vom 27/9. 1936, ausg. 28/5. 1938. - Ref. C. 1938. II. 2364.

Eiweißgewinnung aus Kartoffelsaft. van Maaneu, T. Holl.P. 40 919 vom 7/2. 1935, ausg. 15/6. 1937. - Ref. C. 1937. II. 3097.

Herstellung von Futtermitteln aus dem Saft von Kartoffeln. Stam, N. C. Holl.P. 36 575 vom 8/4. 1933, ausg. 15/10. 1935. - Ref. C. 1936. I. 3425.

Wiedergewinnung von Proteinstoffen aus Flüssigkeiten, wie Spülwasser u. dgl. Oppenheimer, R.S. A.P.1 815 160 vom 26/5. 1928, ausg. 21/7. 1931. - Ref. C. 1932. I. 269.

Entkeimen und Klären grob-kolloid oder molekular-disperser Systeme im elektrostatischen Felde. Schiessler, P. Oe.P. 149 966 vom 22/12. 1927, ausg. 25/6. 1937. - Ref. C. 1938. I. 2973.

Verfahren zur Gewinnung von trockenem, hellem Kartoffeleiweiß. Koehlmann G.m.b.H. D.R.P. 388 961 Kl.53i vom 26/1. 1922, ausg. 24/1. 1924.

Verfahren zur Gewinnung von Eiweiß und Nährsalzen aus dem Fruchtwasser der Kartoffeln. Vogel, R. D.R.P. 400 414 Kl.53i vom 13/1. 1921. ausg. 8/8. 1924. - Ref. C. 1926. II. 3012.

Verfahren zur Wiedergewinnung von Eiweißstoffen und von Calcium- und Magnesiumphosphat aus sauren Abwässern. Giesecke, A. A.P. 1 354 822 vom 10/3. 1919, ausg. 5/10. 1920. - Ref. C. 1921. IV. 276.

Verfahren zur Gewinnung von Eiweiß aus Kartoffeln oder ähnlichen stärkehaltigen Früchten in ununterbrochenem Betrieb. Preßkartoffelwerke "Koehlmann" G.m.b.H. D.R.P. 358 510 vom 7/11. 1918, ausg. 11/9. 1922.

Verfahren zur Trennung des bei der Schwefelung von Rohsäften und Abwässern der Zuckerfabrikation, sowie von Kartoffelfruchtwasser entstehenden Niederschlages. "Reinzucker" Gesellschaft für Patentbewertung m.b.H. D.R.P. 358 688 vom 16/6. 1917, ausg. 15/4. 1923. - Ref. C. 1923. II. 40.

Verfahren zur Rückgewinnung von Stickstoff aus Abwässern durch Fällung mit Tannin. Watrigant, M.H. F.P. 424 980 vom 26/3. 1910.

Verfahren zur Gewinnung von Protein aus Lösungen, insbesondere der Spiritus-, Preßhefe-, Zucker- und Stärkefabrikation. Glaser, A. D.R.P. 99 182 vom 28/7. 1896, ausg. 16/9. 1898.

Apparat und Verfahren zur ununterbrochenen Abscheidung des Albumins aus dem Fruchtwasser der Stärkefabriken und aus anderen Albumin-Lösungen. Moll, M. D.R.P. 35 482 vom 25/3. 1885, ausg. 30/4. 1886.

Verfahren zur Gewinnung der in dem Kartoffelfruchtsaft enthaltenen Trockensubstanzen als Futter- und Dungstoffe. Virneisel, L. u. F. und Trobach, K. u. Cords A. D.R.P. 33 189 vom 9/8. 1884, ausg. 1/10. 1885.

Proteinstoffe aus verdünntem Kartoffelfruchtsaft durch Zusatz von Schwefelsäure oder eines Gemisches von Schwefelsäure und Salzsäure zu fällen. Kette, W. D.R.P. 10 836 vom 29/10. 1879, ausg. 20/9. 1880, ab 13/2. 1894 gelöscht. Zusatz-P. zu D.R.P. 7518.

Verfahren zum Abscheiden der Proteinstoffe aus den Ablaufwässern der Kartoffelstärkefabriken. Kette, W. D.R.P. 10 033 Kl.89k vom 29/10. 1879, ausg. 2/7. 1880.

Verfahren zur Gewinnung der Proteinstoffe aus verdünntem Kartoffelfruchtsaft mit Hilfe von Wasserglaslösung und einer Säure,"welche in wäßriger Lösung die Kieselsäure frei macht. Kette, W. D.R.P. 7428 Kl.89k vom 19/3. 1979, ausg. 11/10. 1879.

Proteinschlamm aus verdünntem Kartoffelfruchtsaft durch Zusatz von ein wenig Salzsäure zu gewinnen. Der Schlamm muß vor der Verfütterung mit Soda neutralisiert werden. Kette, W. D.R.P. 7518 Kl.89k vom 14/2. 1879, ausg. 7/10. 1879.

1824. Kultur von Futterhefen.

Ungenutzte Reserven.(Saftwässer für Futterhefen) Leiberman, A.M. Zucker-Ind.(russ.) 33. Nr.4. 60-62 (1959) - Ref.J.Chem.(russ.) 1959. Nr.83761 Stärke 14. 70 (1962).

Saftwässer von Kartoffelstärkefabriken als Rohstoff für die Produktion von Futterhefen. Plewako, M.W. Neuheiten Lebensmittel-Ind.(russ.) 1959. Nr.3/4. 17-20 - Ref.J.Chem.(russ.) 1959. Nr. 83762 Stärke 14. 151 (1962).

Über die Gewinnung von Hefe bei der Verarbeitung von stärkehaltigen Rohstoffen. Rajew, S.A. und Basilewitsch, K.K. Spiritus-Ind.(russ.) 24. Nr.6. 28-30 (1958) - Ref. C. 1959. 4646.

Futterhefe aus Kartoffelfruchtwasser. Girard, H. und Lefrancois,L. Angew. Chem. 67. 592 (1956).

Futterhefe aus Kartoffelfruchtwasser. Lefrancois, L. und Girard,H. Stärke 8. 146-49 (1956) - Ref. C. 1957. 11745.

Anwendung von Stärkefruchtwasser bei der Hefeherstellung. Karczewska, H. Przemysl Spozywczy 9. 380-82 (1955) - Ref. C. 1959. 4987.

Torula-Hefe aus Kartoffelstärkeabwässern. Reiser, C.O. J.Agric. Food Chem. 2. 70-74 (1954) - Ref. C. A. 48. 4145a (1954).

Hefegewinnung. Wroten, J.F. Can.P. 352 140 vom 17/7. 1934, ausg. 6/8. 1935. A.Prior. 20/7. 1933. - Ref. C. 1936. I. 3930.

1825. Aminoverbindungen

(Vgl. auch "Die Kartoffel, Eiweiß und Aminosäuren": 115)

Gewinnung von freien Aminoverbindungen aus Kartoffelstärkewasser unter Verwendung von Ionenaustauschern. 2.Mitt. Halbtechnische Laboratoriumsversuche. Heisler, E.G., Siciliano, J., Treadway, R.H. und Woodward, C.F. Amer.Potato J. 39. 78-82 (1962) - Ref. C. 1963. 17906. Stärke 15. 112 (1963).

Gewinnung von freien Aminoverbindungen aus Kartoffelstärkewasser unter Verwendung von Ionenaustauschern. Heisler, E.G., Siciliano, J., Treadway, R.H. und Woodward, C.F. Amer.Potato J. 36. 1-11 (1959) - Ref. C.A. 53. 15148a (1959) C. 1960. 2719. Stärke 13. 28 (1961).

Beitrag zum Studium der Aminosäuren in den Nebenprodukten der Stärkeindustrie. Angelides, O.M. Chim.Chronika (Athen) Spec. Ed. 1957. 91-93. - Ref. C.A. 55. 8904c (1961).

Herstellung von Asparagin. International Minerals & Chemical Corp. (Erfinder: Fike, H.L.). D.A.S. 1 038 557 Kl.12q vom 17/12. 1956, veröff. 11/9. 1958. A.Prior. 29/12. 1955. - Ref. C. 1959.17472.

183. Pülpe

(Vgl. auch "Pülpeuntersuchung": 193; "Pülpe als Futtermittel": 4193

Einige Eigenschaften der Pülpe in Stärkefabriken. Hidaka, T. und Kanamaru, K. J.technol.Soc.Starch (Japan) 11. 28-31 (1964) - Ref.J.Chem.(russ.) 1965. 23 R364.

Erzeugung von Hefe aus pflanzlicher Stärke. Svenska Sockerfabriks Aktiebolaget (Erfinder: Tveit, M.T.). A.P.3 105 799 vom 28/11. 1961., ausg. 1/10.1963. - Ref. C. 1966. 6-3045.

Verbesserung der mechanischen Entwässerung der Pülpe in Schneckenpressen. Moramochin, I.I. Zucker-Ind.(russ.) 34. Nr.4.67 (1960) - Ref.J.Chem. 1960. 86512. C. 1961. 1399. Stärke 13. 97 (1961)

Über die Viscosität von Stärkepülpe. 2.Mitt. Kobayashi, J., Kobayashi, Ch. und Fukinbara, T. J.agric.chem.Soc.Japan 33. 1127-30 (1959) - Ref.J.Chem.(russ.) 1961. 10 N313. C. 1962. 6617.

Über die Viscosität von Stärkepülpe. 1.Mitt. Kobayashi, J., Kobayashi, Ch. und Fukinbara, T. J.agric.chem.Soc.Japan 33. 1123-27 (1959) - Ref.J.Chem.(russ.) 1961. 10 N313. C. 1962. 6616. C.A.(M.) 58. 1622g (1963).

Stärkegehalt und Verkleisterungsgrad der Kartoffel-Trockenpülpe. Wegner, H. Stärke 11. 8-12 (1959) - Ref. C. 1960. 674.

Vereinigung der Herstellung von Kartoffelstärke und Trockenkraftfutter im gemeinsamen Fabrikationsprozess. Bielicki, W. Stärke 9. 172-75 (1957) - Ref. C. 1958. 13119. C.A. 52. 19197. (1958).

Fortleben von Bakterien (ring-rot) in nasser Kartoffelpülpe der Stärkefabriken. Bonde, R. und Getchell, J.S. Amer.Potato J. 34. 133-35 (1957).

Gleichzeitige Herstellung von Futtermitteln und Pektinpräparaten. Kröner, W. und Völksen, W. D.R.P. 745 044 Kl.53g vom 15/1. 1942, ausg. 24/2. 1944. - Ref. C. 1944. I. 1444.

Trockenkartoffelpülpe als Streumehl. Hopf, K. Z.Spiritusind. 62. 267-68 (1939).

Verwendung von Kartoffelpülpe zum Züchten von Mikroorganismen. Chemische Fabrik Löwenberg, Dr. Warth & Co., (Erfinder: E.W. Schmidt) D.R.P. 684 337 Kl.6a vom 11/10. 1938, ausg. 25/11. (1939) - Ref. C. 1940. I. 1283.

Gewinnung eines Absorptionsmittels für Flüssigkeiten. Scholten's Aardappelmeelfabrieken, N.V.: E.P. 506 929 vom 8/12. 1937, ausg. 6/7. 1939. Holl.Prior, 30.12. 1936. - Ref. C. 1939. I. 4602.

Verwendung der bei der Kartoffelmehlfabrikation als Abfallprodukt gewonnenen Fasern und Verfahren zur Herstellung dieses Abfallproduktes. W.A. Scholten's Aardappelmeelfabrieken N.V. Holl.P. 46 643 Kl.89k vom 30/12. 1936, ausg. 15/9. 1939.

Pülpefänger. Maschinenbau und Metalltuchfabrik A.-G.vorm. Gottl. Heerbrandt. D.R.P. 691 164 Kl.89c vom 17/5. 1936, ausg. 23/5. 1940.

Über die in den Pülpegruben der holländischen Kartoffelstärkefabriken vorherrschende Mikrobenflora. Elema, B. Z.Bakteriol Parasitenkunde II.Abt. 72. 66-101. (1927) - Ref. C. 1927. II. 2631.

Welches ist die beste Pülpeverwertung? Parow, E. Z.Spiritusind. 50. 254. (1927) - Ref. C. 1927. II. 2427.

Kolbenpresse zum Entwässern von Pülpe und dergl. Riemann jr.,O. D.R.P. 266 903 vom 15/5. 1912, ausg. 1/11. 1913.

Eine besondere Art der Verwertung der Pülpe. Mierau, F. Z.Spiritusind. 34. 340 (1911).

Verfahren und Vorrichtung zum Pressen der Rückstände aus der Stärkefabrikation oder dgl. Sudenburger Maschinenfabrik u. Eisengießerei A.-G. D.R.P. 192 102 vom 12/1. 1907, ausg. 11/12. 1907.

Verfahren zur Herstellung von harten Gegenständen aus Kartoffelpülpe. Kuipers, J. D.R.P. 102 368 Kl.39b vom 16/4. 1897, ausg. 28/2. 1899. - Ref. C. 1899. I. 1229.

Die Pülpetrockenanstalt in der Norddeutschen Kartoffelmehlfabrik zu Küstrin mit Melasseverwendung. Delbrück Z.Spiritusind. 17. 141 (1894).

Verfahren zur Herstellung heller Kartoffel-Trockenpülpe. Brakerbusch, H. D.R.P. 56 558 Kl.89k vom 13/12. 1889, ausg. 8/5. 1891.

Die Verwerthung der Pülpe als Brennstoff. (Auszug). Wagner's Jber. chem.Technol. 33. 871 (1887) - W.Ref. 2227.

Verfahren der Gewinnung von Stärke und Cellulin aus der Pülpe mittelst Chlorkalk. Günther, L. D.R.P. 33 625 Kl.89k vom 21/12. 1884, ausg. 12/11. 1885.

Über die Verluste beim Einsäuren der Pülpe der Kartoffelstärkefabrikation. Saare, O. Z.Spiritusind. 6. 1056-1057 (1883) - W. Ref. 2214.

184. Abwässer, Reinigung und Verwertung

(Vgl. auch "Kartoffelfruchtwasser": 182)

Untersuchungen über die Behandlung der Abwässer aus den Süßkartoffelstärke-Fabriken mittels Anwendung eines Klärtanks. Goto, F. und Sugimoto, K. J.technol.Soc.Starch (Japan) 12. 135-38 (1965).

Über Versuche zur partiellen Reinigung von Stärkefabrikabwässern. Hoepke, C.H. Stärke 17. 197-201 (1965).

Möglichkeiten und Grenzen bei der biologischen Aufbereitung von Abwässern der Stärke- und Zuckerindustrie. Heinicke, D. Stärke 17. 189-97 (1965).

Die Entwässerung von kommunalen und industriellen Abwasserschlämmen. Opelt, F. Stärke 17. 301-04 (1965).

Möglichkeiten der landwirtschaftlichen Verwertung von Stärkefabrikabwässern in Polen. Czyżyk, W. und Kutera, J. Zeszyty probl. Postepów Nauk rolniczych 47. 201-19 (1964) - Ref. Stärke 18. 255 (1966).

Behandlung von Abwassern aus Kartoffelstärkefabriken. 3.Mitt. Behandlung von Abwassern mit Ionen-Austauscherharzen. Narasaki, H., Ito, N. und Fukuda, M. Rep.Governement chem.ind.Res.Inst./ Tokyo 59. 525-29 (1964) - Ref. C.A. 62.10212a (1965).

Behandlung von Abwassern aus Kartoffelstärkefabriken. 2.Mitt. Behandlung von Abwassern aus Kartoffelstärkefabriken durch verschiedene Methoden. Narasaki, H., Ito, N., Kanayama, T. und Sakurai, S. Rep.Governement chem.ind.Res.Inst./Tokyo 59. 464-70 (1964) - Ref. C.A. 62. 10211h (1965).

Behandlungvon Abwässern von Kartoffelstärke-Fabriken. 1.Mitt. Verunreinigende Eigenschaften des Wassers welche wasserlösliche Komponenten der Weißkartoffel enthalten. Kobayashi, T. und Kanayama, T. Rep.Governement chem.ind.Res.Inst./Tokyo 59. 458-63 (1964) - Ref. C.A. 62. 7496b (1965).

Die Düngungswirkung aus Abwässern der Kartoffelstärke-Fabriken. Kumazawa, K. und Miki, M. J.technol.Soc.Starch (Japan) 12. 17-21 (1964).

Biologische Aufbereitung proteinhaltiger Wässer aus der Kartoffelstärkeherstellung. 2.Mitt. Experimentelle Ergebnisse und Diskussionen. Buzzell, J.C. jun., Caron, A.L., Ryckman, S.J. und Sproul, O.J. Water Sewage Works 111. 360-65 (1964) - Ref. C. 1965. 35-2241. Stärke 18. 200 (1966).

BiologischeAAufbereitung proteinhaltiger Wässer aus der Kartoffelstärkeherstellung. 1.Mitt.Buzzell, J.C.jun., Caron, A.L. Ryckman, S.J. und Sproul, O.J. Water Sewage Works 111. 327-30 (1964) - Ref. C. 1965. 35-2240. Stärke 18. 200 (1966).

Die Ausnutzung von Abgängen der Stärke-Sirup-Industrie. Gainetdinow, M.F. Zucker-Ind.(russ.) 1964. Nr.9. 57-59. - Ref.J.Chem. (russ.) 1965. 3 R301.

Eine Methode zur Entfernung von Stärke aus industriellen Abwässern durch Kultivieren von Hefen in Symbiose. Jarl, K. und Tveit, M. Socker, Handl. II 18. 25-28 (1963) - Ref. C. 1964. 39-2604. Stärke 16. 404 (1964).

Anaerobe Faulung von Abwässern der Kartoffelverarbeitung. Hindin, E. und Dustan G.H. J.Water Pollut.Control Federat. 35. 486-92 (1963) - Ref. C. 1964. 40-1916.

Beitrag zur Frage der Reinigung des Abwassers der Stärkeindustrie. Seyfried, C.F. Institut für Siedlungswasserwirtschaft der TH. Hannover 1962. VII. 167 S.

Anaerober Abbau der stärkehaltigen Abwässer der Baumwollspinnereien. Buswell, A.M., Gaffney, P.E. und Ingols, R.S. Wastes Engng. 33. 402-04 (1962) - Ref. C. 1963. 4860.

Übersicht über die anaerobe Behandlung von Kartoffelschnitzel-Abwässern. Hindin, E. Bull.Washington State Inst.Technol.Divis. ind.Res. 1961. Nr.255. 1-27. - Ref. C. 1964. 18-1939.

Bakterielle Nutzung von Kartoffelstärkeabwässern. Furgason, R.R. und Jackson, M.L. Purdue Univ., Eng. Bull., Ext.Ser.Nr. 106. 258-68 (1960) - Ref. C.A. 55. 27722d (1961).

Akute Wasserversorgungs- undAbwasserbeseitigungs-Fragen in der Stärke-Industrie. Grevemeyer, M. Stärke 9. 151-52 (1957).

Wasser- und Abwasserfragen in der Stärkeindustrie. Reploh, H. Stärke 8. 195-99 (1956) - Ref. C.A. 51. 11746d (1957) C. 1957. 12032

Der biochemische Sauerstoffbedarf von Stärke und Stärkederivaten. Benninga, H. De Tex 20. 25-28 (1961) - Ref. C. 1961. 17341.

Oesterreichisches Verfahren zur Reinigung von Abwässern aus Stärkefabriken. (Eine musterhafte Stärkefabrik in Gmünd, Oesterreich). Skalski, K. Przemysł Spożywczy 15. 210-15 (1961) - Stärke 14. 229 (1962).

Biosorption in der Anwendung zur Reinigung von Kartoffelstärkeabwässern. Kintzel, A. Stärke 12. 59-60 (1960) - Ref.J.Chem.(russ.) 1960. 71202. C.A. 54. 13505i (1960) C. 1961. 15878.

Die gewerblichen und industriellen Abwässer. Schädlichkeit, Verwertung, Reinigung und Beseitigung. Sierp, F. 2., neubearbeitete Auflage, Springer-Verlag Berlin, Göttingen, Heidelberg. - Ref. Stärke 12. 284 (1960).

Ein Verfahren und die Apparaturen für die kombinierte Gewinnung von Stärke und trockenen Futtermitteln aus Abgängen. Malcher, J., Jelínek, A., Malínský, V. und Medal, K. Tschechosl.P. 92 908 ausg. 15/10. 1959. - Ref.J.Chem.(russ.) 1961. 14 N410.

Reinigung der Abflußwässer der Kartoffelstärke- und Hefeproduktion mittels Aktivschlamm. Kintzel, A. Acta microbiol.polon. 8. Nr. 1-2. 145-50 (1959) - Ref. J.Chem.(russ.) 1960. Nr. 77858.

Verunreinigung von Trinkwasser durch Abwässer einer Stärkefabrik. Akiyama, T. Jap.J.Pharmac.Chem. 28. 13-19 (1956) - Ref. C.A. 51. 13272b (1957).

Das Schäumen von synthetischen Abwässern. Munro, L.A. und Yatabe, M. Sewage ind.Wastes 29. 883-93 (1957) - Ref. C.A. 51. 17034b (1957).

Verschmutzung der Wasserläufe durch Abwässer der Nahrungsmittelindustrie. Liepolt, R. Bull.Centre belge Étude Doc.Eaux 1959. 142-47. - Ref. C. 1960. 1972.

Untersuchungsergebnisse über die Nutzung von Abwässern aus Kartoffelstärkefabriken im Ackerbau. Kutera, J. und Czyżyk, W. Gospodarka wodna 18. 496-501 (1958) - LZ. II 1960. 847.

Über die Möglichkeit einer Verwertung der Abfälle der Kartoffelstärkefabrikation zur Gewinnung von Citronensäure. Tschessnokow, W.A. und Iljinskaja, N.L. Nachr.Leningrader Univ.(russ.) 13. Nr.3. (Ser.Biol.) Nr.1. 5-14 (1958) - Ref. C. 1959. 11724 C.A. 55. 25305d (1961).

Über das Abwasserproblem der Kartoffelstärkefabriken in den Niederlanden. Eggink, H.J. Stärke 10. 294 (1958).

Viehfutter aus dem Abwasser der Kartoffelmehlfabriken. Landwirtsch. Nachr.Niederlanden Mai/Juni 1958. - Ref. Stärke 10. 267 (1958).

Gesichtspunkte zur gegenseitigen Beurteilung von Verfahren zur Rettung der im Abwasser der Stärkeindustrie enthaltenen wertvollen Stoffe. Hošpes, B. Sbornik Vysoké Školy Zemědělské Lesnické Brně 1957. 193-205. - Ref. J.Chem.(russ.) 1960. 31274.

Verfahren zur Herstellung von zur Bakterienanreicherung von landwirtschaftlichen Kulturböden und als Eiweißfuttermittel geeigneten Bakterienpräparaten. Vintika, J., Rosa, M. und Barta, J. D.A.S. 1 056 082 Kl.6a 3 vom 25/1. 1957, ausg. 30/4. 1959. Tschechoslow.Prior. 6/2. 1956. - Ref.Stärke 11. 310 (1959) C. 1959 14540.

Über das Abwasserproblem der Kartoffelstärke- und Preßstrohfabriken in Holland. Eggink, H.J. Bull.Centre belge Etude Document. Eaux (Liège) 3. 194-99 (1957) - Ref. C.A. 52. 8429e (1958).

Ein neuer manometrischer Apparat und seine Verwendung zur Untersuchung der Abwässergärung. Coaker, A.W.M. und Murray, K.A. J. South African chem.Inst. 9. 71-75 (1956) - Ref. C. 1958. 9032.

Reinigung und Ausnutzung des Fruchtsaftabwassers aus Kartoffelstärkefabriken in Oxydationsteichen. Pytlik, R. Voda 35. 24 (1956) - Ref. C. 1960. 16554.

Reinigung der Abwässer der Stärkeerzeugung durch Verwertung der Erzeugungsreste. Malcher, J. Stärke 8. 246-52 (1956).

Ergebnis der Bestrebungen zur Erhaltung der Trockensubstanz im Stärkefabrikabwasser. Hošpes, B. und Dudás, F. Listy Cukrovarnické 71. 170-75 (1955) -Ref. C. 1959. 5319.

Unschädlichmachung und Ausnutzung von Stärkeabwässern. Karczewska, H., Liberadzka, A., Snaglewska, J., Szulc, H. und Wolski, T. Prace.Inst.Lab.Badawczych Przemyslu rolnego spozwczego 5. Nr.2. 46-57 (1955) - Ref. C. 1958. 4949. C.A. 52. 7748f (1958).

Behandlung eines Abwassers mit hohem Kohlehydrat- und Chromgehalt. Rhame, G.A. Water Sewage Works 102. 405-09 (1955) - Ref. C. 1957. 4509.

Herabsetzung des biochemischen Sauerstoffbedarfs stärkehaltiger Abläufe. Hercules Powder Co., übert. von: Sweet, W.J. A.P. 2 865 854 vom 16/6. 1955., ausg. 23/12. 1958. - Ref. C. 1961. 10704.

Abwasser von Kartoffelstärkefabriken. Ambrose, T.W., und Reiser, C.O. Ind.Engng.Chem. 46. 1331-34 (1954) - Ref. Stärke 6. 262 (1954) - C.A. 48. 11098f (1954), C. 1955. 4474.

Fermentative Prozesse im thermophilen Methantank. Jewreinowa,T.N. Jukelsson, L.I. und Chromowa, Je.Ss. Nachr.Moskauer Univ. 9. Nr.6. (physik.-math.naturwiss.Ser.)(russ.) Nr.4. 111-19 (1954) - Ref. C. 1956. 10614.

Aerobe mikrobiologische Behandlung der Abwässer aus der Kartoffelstärkefabrikation. Weaver, E.A., Heisler, E.G., Porges, N., McClennan, M.S., Treadway, R.H., Howerton, W.W. u. Cordon, T. US.Dept.Agric.,Bur.Agric. Ind.Chem.AIC 350. 8 S. - Ref. C.A. 47. 5052f (1953), Stärke 5. 228 (1953).

Pektine aus Abfällen der Stärkeindustrie. Nossberger, Wl. Listy Cukrovarnické 68. 66-67 (1952) - Ref. C. 1954. 1848.

Die Abwässer der landwirtschaftlichen Industrien und die Verschmutzung der Wasserläufe. Grevemeyer, M. Stärke 4. 263-265 (1952).

Über die Einwirkung von Kartoffelstärke- und Zuckerfabrikabwässern auf Vorflutgewässer. Cerny, A. Österr.Wasserwirtsch. 4. 8-11 (1952) - Ref. C. 1952. 5797, Stärke 4. 186 (1952).

Abwasserfragen in der Stärkeindustrie. Grevemeyer, M. Stärke 3. 221-25 (1951).

Vorschläge für Reinigung und Verwertung der Abwässer einer Kartoffelmehl- und Dextrinfabrik. Kreuz, R.A., Stärke 2. 159-164. (1950).

Nährboden zum Züchten von Champignons. Papst, E. D.B.P. 865 318 Kl.16 vom 19/9. 1950. ausg. 2/2. 1953. - Ref. C. 1953. 5401.

Zusammensetzung und Reinigung von Abwässern aus Kartoffelstärkefabriken. Nolte, E. Stärke 1. 39-41 (1949) - Ref. C. 1950. I. 1019. C.A. 46. 9239a (1952).

Verwertung von Stärkefabrikwasser. Fukas, G. Chem.Zwesti 1. 110-14. (1947) - Ref. C.A. 43. 7244 (1949) , Stärke 2. 166 (1950)

Verfahren zur Gewinnung trockener, nicht hygroskopischer Präparate aus Waschlaugen der Stärkegewinnung. Hoffmann's Stärkefabriken A.-G. (Busch,J. und Ritter,H.) D.P. (DDR) 2 051 Kl.89k vom 10/9. 1943, ausg. 14/11. 1952. (Ausschließungspatent).

Ein neuer Weg zur Beseitigung von Schälabwässern der Kartoffelverarbeitungsindustrie. Rumpelt, H. Chem.Fabrik 14. 359-60 (1941) - Ref. C. 1942. I. 246.

Reinigen von Kartoffelschälabwässern. Maschinenfabrik Imperial G.m.b.H. (Erfinder: H. Rumpelt). D.R.P. 710 784 Kl.85c vom 7/10. 1939, ausg. 20/9. 1941. - Ref. C. 1942. I. 92.

Herstellung von Fettsäureestern aus den Nebenprodukten der Stärkefabrikation. Corn Products Refining Co, N.Y. E.P. 516 493 vom 29/6. 1938, ausg. 1/2. 1940. A.Prior. 14/8. 1937. - Ref. C. 1940. II. 1377.

Versuche über die Verregnung von Stärkefabrikabwässern. Rheinwald, H. Kulturtechniker 41. 175 (1938).

Inaktiver Inosit und andere Produkte aus dem Spülwasser der Stärkefabrik. Bartow, E. und Walker, W.W. Ind.Engng.Chem. 30. 300-03. (1938) - Ref. C. 1938. II. 3472.

Abwasserreinigung in Stärkefabriken. Lanninger, K. Chemiker-Ztg. 61. 130 (1937).

Reinigen von proteinhaltigen Abwässern. Dorr.Co., Inc. übert. von: A.J. Fischer A.P. 2 110 721 vom 6/7. 1936, ausg. 8/3. 1938. - Ref. C. 1938. II. 375.

Die Einleitung von Abwässern in Wasserläufe. Edlich, G. Z.Spiritusind. 58. 301-02 (1935) - Ref. C. 1936. I. 397.

Abwässer der Nahrungs- und Genußmittelindustrie. Strell. Gesundheits-Ing. 57. 664-66. (1934) - Ref. C. 1935. I. 1750.

Ein Beitrag zur Reinigung von Abwässern aus Stärkefabriken. Husemann, W. Gesundheits-Ing. 56. 332-34. (1933) - Ref. C. 1933. II. 2068.

Sind die Abwässer einer Kartoffelstärkefabrik schädlich für die Fische? Parow, E. Z.Spiritusind. 52. 78 (1929).

Sind die Abwässer einer Kartoffelstärkefabrik schädlich für die Fische? Parow, E. Z.Spiritusind. 52. 26 (1929).

Beiträge zur Betriebskontrolle in Stärkefabriken. I. Bestimmung der Stärke in den Abwässern. Wolff, O. Z.Spiritusind. 52. 215. (1929) - Ref. C. 1929. II. 1600.

Der belebte Schlamm, ein neues biologisches Verfahren der Abwässerreinigung. Ekhard, W. Z.Spiritusind. 49. 266-67 (1926).

Die Verunreinigung von Wasserversorgungen durch Abwässer aus Stärkefabriken und Molkereien in Jowa. Buchanan, J.H. J.Amer.Water Works Assoc. 15. 527-30. (1926) - Ref. C. 1926. II. 629.

Herstellung von Faserstoff aus den Rückständen bei der Stärkegewinnung aus Kartoffeln. Ubbelohde, A. D.R.P. 460 837 Kl. 55b vom 18/10. 1925, ausg. 9/8. 1928. - Ref. C. 1928. II. 1405.

Der Abwasserwert der Kartoffelstärkeindustrie. Parow, E. Z.Spiritusind. 46. 98 (1923) - Ref. C. 1923. IV. 295.

Abwasser aus Kartoffelstärkefabriken in Ungarn, ihre schädliche Wirkung und Reinigung. Halmi, J. Vizugyi Kozlemenyek 6. I. 1-22 - Ref. C.A. 11. 2518 (1917) - W.Ref. 2433.

Zur Frage der Wasserversorgung und Abwässerbeseitigung in gewerblichen Betrieben. Roth, E. Vjschr.öffentl.Gesundheitspfl. 47. 129-68 (1915) - Ref. C. 1915. II. 727, C.A. 10. 654 (1916), W. Ref. 2432.

Das Kolloidtonreinigungsverfahren für die Abwässer der Stärke-, Dextrinfabriken usw. Rohland, P. Z.Spiritusind. 37. 58 (1914). - Ref. C. 1914. I. 825.

Studien über die Abwässer der Stärkefabriken. Girard, A.C. Ann. div.hydraul.et amelior.agric.,min.agric.(France) 1908. Nr.38. 245-73. - Ref. C.A. 6. 1801 (1912), W.Ref. 2429.

Behandlung der Abwässer von Stärke- und Glucosefabriken. Sjostrom, O.A. J.ind.Engng.Chem. 3. 100-03 (1911) - W.Ref. 2428.

Versuche über die Reinigungsmöglichkeit von Stärkefabrikabwässern durch das biologische Verfahren. Zahn, C. Mitt.königl.Prüf-Anst. Wasserversorg.Abwässerbeseit. 10. 42-74 (1908) - Ref. C. 1908. II. 1833, W.Ref. 2427.

Produktive Reinigung der Abwässer der Kartoffelmehlfabriken. Sjollema, B. Chem.Weekbl. 4. 637-658 (1907) - Ref. C. 1907. II. 1761, W.Ref. 2426.

Bilogische Reinigung der Abwässer der Stärkefabriken. Rolants, E. Rev.Hyg.Police sanitaire 27. 97-108 (1905) - W.Ref. 2425.

Die Stärkefabrik in Bentschen und das Fischsterben in der Obra im Winter 1900-01. Schiemenz, P. Z.Fischerei 10. 192-199 (1902-03) - W.Ref. 2424C.

Die fischereilich schlimmsten Abwässer der Industrie und die Aussichten zu ihrer Beseitigung. Weigelt, C. Allg.Fischerei-Ztg. 16. 151-153 (1901) - W.Ref. 2424A.

Neue Versuche über die Unschädlichmachung von Stärkefabrikabwässern. Seelos, H. Z.Hyg.Infektionskrankh. 31. 469-496 (1899) - W.Ref. 2424.

Zur Frage der fäulnisfähigen Industrieabwässer. Mez, C. Z.Gewässerkunde 2. 1-19 (1899) - W.Ref. 2282 A.

Verwerthung bzw. Beseitigung von Brennerei-Abwässern. Saare, O. Z.Spiritusind. 21. 249-250 (1898) - W.Ref. 2423.

Die Abwässer der Fabriken. Benedict, H. Samml.chem.chem.-techn. Vortr. 1. 285-392 (1896) - W.Ref. 2422A.

Verfahren zur Herstellung von Pflanzen-Pepton aus den Rückständen der Stärkefabrikation. Disqué, L. D.R.P. 79 341 vom 22/11. 1893, ausg. 17/1. 1895.

Über die durch Abwässer in Flußläufen verursachten Algenbildungen wie Beggiatoa, Leptomitus usw. Z.Spiritusind. 15. 11 (1892).

Resultate der Abwasserreinigung auf der Stärkefabrik Salzuflen. Schreib, H. Z.angew.Chem. 3. 167-173, 542-545 (1890) - W.Ref. 2422.

Gutachten, betreffend die Verunreinigung der Werre bei Herford durch die Abwässer der H.'schen Stärkefabrik in Salzuflen. Renk. Arb.kaiserl.Gesundheitsamt 5. 209-246 (1889) - W.Ref. 2421A.

Die Reinigung und Verwertung des Abflußwassers der Kartoffelstärkefabriken. Gerson, G.H. Berlin 1888.

Über Sauerwasser in der Stärkefabrikation. Schütze, R. Landwirtsch. Versuchsstat. 33. 197-201 (1887) - Ref. C. 1886. 780, W.Ref.2421.

Neuerung an Trockenzylindern für Abfälle aus Brauereien, Stärke- und Glucosefabriken. Wiesebrock, F.W. D.R.P. 34 950 Kl.89k vom 17/2. 1885, ausg. 19/3. 1886.

Über die beste Benutzung des Abflußwassers aus Kartoffelstärkefabriken. Maercker, M. Dingler's polytechn. J. 225. 394-396 (1877) - W.Ref. 2419.

19. Betriebskontrollen

191. Qualität und technische Kontrollen
192. Stärkegehaltsbestimmung von Kartoffeln und Ausbeuteberechnung
193. Pülpeuntersuchung
194. Untersuchung der Schlammstärke
195. Stärkemilchtabellen
196. Ausgiebigkeit, Ergiebigkeit
197. Weißgehalt und Aussehen

191. Qualität und technische Kontrollen

(Auch Untersuchungsmethoden, Untersuchungsergebnisse, Betriebskontrollen. Vgl. auch "Allgemeine gesetzliche Bestimmungen": 060, "Standardisierungsfragen": 061, "Standards verschiedener Staaten": 062, "Analytische Stärkekennzeichnung": 56)

Über die chemisch-technische Kontrolle und Kalkulation in der Kartoffelstärkeindustrie. Burman, M.Je. Zucker-Ind.(russ.) 40. Nr.6, 57-62 (1966).

Musternahme bei Getreide, Getreideprodukten, Stärkeprodukten und Kartoffelmehl. Jelier, I.G. Müllerei 15. 487-80 u. 499-500 (1962).

Untersuchungsmethoden für Stärke und deren Derivate, bestimmt für andere als Lebensmittelzwecke. Ansart, M. Ind.aliment.agric.79. 821-26 (1962) - Ref. C. 1963. 16382. Ref.J.Chem.(russ.) 1963. 22 R331.

Die Qualität der Kartoffelstärke. Rusach, M.K. Arb.wiss.Poltawer landwirtsch.-Inst.(russ.) 9. 216-20 (1961) - Ref. C.A. 58. 3589h (1963).

Regeln für die Bewertung der Eigenschaften von Stärke. Tsuchiya,K. J.technol.Soc.Starch (Japan) 8. Nr.1. 34-36 (1960) - Ref.J.Chem. (russ.) 1961. 21 N240.

Technologische Kontrolle und Berechnung in der Kartoffelstärke- und Sirup-Industrie. Weksler, B.A., Miljutin, A.A., Marker, B.Je. und Ssidorowa, E.K. Pischtschepromisdat, Moskau 1960. 246 S. - Ref.J.Chem.(russ.) 1961. Nr.5 N321. Stärke 13. 103 (1961).

Versuch zur Erhöhung der Qualität von Kartoffelstärke. Shipin gongye 1959. Nr.1. 27-29. - Ref.J.Chem.(russ.) 1959. Nr.83760.

Über die technische Kontrolle der Kartoffelstärkeproduktion in Japan. (Bemerkungen aus der deutschen Literatur.) Ono, Y. J.technol.Soc.Starch (Japan) 5. Nr.5. 125-28 (1958) - Ref.J.Chem. (russ.) 1960. Nr.59046.

Eigenschaften der in Südwest-Japan hergestellten Kartoffelstärken. Kihara, Y. und Takahashi, S. J.technol.Soc.Starch (Japan) 4. 156-57 (1957) - Ref. C.A. 56. 13146g (1962).

Die chemische und physikalische Untersuchung von Stärkeprodukten. Gaver, K.M. und Barton, A.M. Tappi Monogr.Ser.Nr. 17. 54-64 (1957) - Ref. C. 1958. 14479.

Untersuchungen von Stärke. Takeichi, K. und Ikeda, S. J.technol. Soc.Starch (Japan) 3. 128-29 (1956) - Ref. C.A. 51. 14301g (1957).

Untersuchung über Trennung und Reinigung von Stärken. 1.Mitt. Beziehung zwischen Qualität verschiedener Stärkearten und deren anorganischen Bestandteilen. Suzuki, S., Kubo, S., Hirohata, T., Nemoto, Y. u. Arai, K. J.agric.chem.Soc. Japan 30. 618-23 (1956) - Ref. C. 1958. 6985. C.A. 52. 21186g (1958).

Ausbeute und Qualität von in Hokkaido hergestellter Kartoffelstärke. Nishida, M. J.technol.Soc.Starch (Japan) 3. 54-60 (1955) - Ref. C.A. 51. 14301f (1957).

Zum Problem der Reinheit, Qualität und Bewertung der Kartoffelstärken des Handels. Nossberger, V., Dostálová, M. und Syhorová, V. Listy Cukrovarnické 70. 36-43 (1954) - Ref. C. 1950/54. 8240 S.

Zur Betriebskontrolle in Stärkefabriken. Nossberger, V. Listy Cukrovarnické 69. 116-19 (1953) - Ref. C. 1950/54 3604 S.

Untersuchungsmethoden in der Stärke - und Dextroseindustrie. Fetzer, W.R. Analytic.Chem. 24. 1129-37 (1952) - Ref. Stärke 4. 306 (1952) , C. 1953. 3651. C.A. 46. 10652e (1952).

Qualitätsbeurteilung von Stärke und Stärkeerzeugnissen. Wegner, H. Stärke 4. 114-17 (1952).

Bewertung des Reinheitsgrades von Stärken nach Punkten. Lindemann,E. Stärke 4. 109-13 (1952) - Ref. C. 1953. 5268.

Untersuchungsergebnisse an importierten Stärken (2.Quartal 1950). Pelshenke , P.F., Rüggeberg,H. und Lindemann, E. Detmold Stärke 2. 255. (1950).

Untersuchungsergebnisse an importierten Stärken. Pelschenke, P.F. Rüggeberg , H. und Lindemann, E. Stärke 2. 153-55. (1950) - Ref. C. 1951. I. 1238.

Betriebskontrolle in Stärkefabriken. Wolff, O. Berlin N.65:Forschungsinst.für Stärkefabrikation 1946. (35 S.) 4°. (Maschinenschr.) - Ref. C. 1948. I. 1261.

Handelsstärken der Kampagne 1940/41. 2.Beitrag zur Frage der Qualitätsbewertung von Handelsstärken. Hošpes, Boh. u. d Almendinger, V. Sbornik české Akad.Zemedelske 16. 462-69. (1941) - Ref. C. 1942. I. 2833.

Wie ist eine weitere Steigerung der Qualität der Stärke zu erzielen? Hospes, B. Mitt.tschech.Akad.Landwirtsch. 17. 536-42. (1941) - Ref. C. 1942. I. 1567.

Betriebsüberwachung in Kartoffelstärkefabriken. Szego, E. Bull. Assoc.Chimistes 56. 158 (1939).

Die chemisch-technologische Kontrolle und die Berechnung der Kartoffelstärkefabrikation. Schtscherbakow, I.M. u. Burmann, M.Je. Pischtschepromisdat Moskau-Leningrad (russ.) 1938. 96 S. - Ref. C. 1939. I. 3812.

Zur Untersuchung von Feuchtstärken. Tryller, H. Z.Spiritusind. 61. 9. (1938) - Ref. C. 1938. I. 2801.

Aus den Kontrollergebnissen der Kartoffelstärke-Erzeugung in der Tschechoslowakei. Hospes, B. und Barohin, S. Z.Spiritusind. 60. 357 u. 363 (1937).

Was dürfen wir von Stärke erwarten? Cobb, R.M., Lowe, D.V., Pohl, E. und Weiss, W. Paper Trade J. 105. Nr.7. 33-36. (1937) - Ref. C. 1937. II. 3551.

Vorschlag einer Analysenmethode zur Klassifizierung von Stärkemehlen und Stärkearten. Regnaudin, A. Bull. Assoc. Chimistes 53. 477-79. (1936) - Ref. C. 1936. II. 1630.

Eine neue Reaktion zur Beurteilung des Reinheitsgrades feuchter Stärke. Falkenhausen, F.v. Z.Spiritusind. 58. 3. (1935) - Ref. C. 1935. I. 1787.

Handbuch für die chemisch-technische Kontrolle bei der Herstellung von roher Kartoffelstärke. Moskau Narkompischtschprom 1935. (47 S.). Schtscherbakow, I.M. und M.Je. Burmann, - Ref. C. 1936. I. 666.

Der Gang der Reinheitsquotienten bei der Kartoffelstärkeerzeugung. III. Hošpes, B. Z.Spiritusind. 58. 349 (1935) - Ref. C. 1936. I. 1980.

Der Gang der Reinheitsquotienten bei der Kartoffelstärkeerzeugung. II. Hošpes, B. Z.Spiritusind. 58. 333-34. (1935) - Ref. C. 1936. I. 1137.

Der Gang der Reinheitsquotienten bei der Kartoffelstärkeerzeugung. I. Hošpes, B. Z.Spiritusind. 58. 317-18. (1935) - Ref. C. 1936. I. 455.

Über den Aufstieg des Reinheitsquotienten in der Kartoffelstärkefabrikation. Hošpes, B. Věstník českoslov.Akad.Zemědělské (Mitt. tschechoslow.Akad.Landwirtsch.) 10. 697-702 (1934) - Ref. C. 1935. I. 2613.

Beurteilung von Handelsstärke und deren Veredlungsprodukten. Steinhoff, G. Melliands Textilber. 15. 565-66. (1934) - Ref. C. 1935. I. 1460.

Die verschiedenen Analysen der Stärke. Mc Nair, J.B. Chicago: Field Mus. 1930. (44 S.) 8°. - Ref. C. 1930. II. 1458.

Beiträge zur Betriebskontrolle in Stärkefabriken. Sprockhoff, M. Z.Spiritusind. 52. 124. (1929) - Ref. C. 1929. I. 3045.

Beiträge zur Betriebskontrolle in Stärkefabriken. Sprockhoff, M. Z.Spiritusind. 52. 27. (1929) - Ref. C. 1929. I. 1400.

Die Untersuchungsmethoden der Stärke und ihrer Derivate. Krizkovsky, F.L.P. Melliands Textilber. 9. 594-97. 766-68 (1928) - Ref. C. 1928. II. 1949.

Über die Betriebskontrolle in der Kartoffelstärkefabrik. Sprockhoff, M. Z.Spiritusind. 51. 299-300 (1928).

Kartoffelstärke. Vogelenzang, E.H. Pharmac.Weekbl. 64. 1069-1071 (1927).

Über die wissenschaftliche Kontrolle bei der Stärkefabrikation. Nottin, P. Chimie et Ind. 1924. Sondernummer. 662-664 - Ref. C. 1924. II. 2617.

Richtlinien für die Beurteilung von Kartoffelmehl. Ekhard, W. Z. Spiritusind. 47. 183-184, 196 (1924) - Ref. W.Ref. 2364.

Die von Mai bis Juli 1921 ausgeführten Analysenaufträge. Stirnus. Z.Spiritusind. 44. 297 (1921) - Ref. C. 1921. IV. 1146.

Über Untersuchungen von Kartoffelmehl und Kartoffelwalzmehl. Parow, E. Z.Spiritusind. 42. 59. (1919) - Ref. C. 1919. II. 600.

Die im Monat März 1919 erledigten Analysenaufträge. Nagel, C. Z. Spiritusind. 42. 135. (1919) - Ref. C. 1919. IV. 154.

Die im Monat Januar 1919 erledigten Analysenaufträge. Nagel, C. Z. Spiritusind. 42. 77-78. (1919) - Ref. C. 1919. II. 676.

Die im Monat Oktober 1918 erledigten Analysenaufträge. Nagel, C. Z. Spiritusind. 41. 445. (1918) - Ref. C. 1919. II. 182.

Die im Monat August 1918 erledigten Analysenaufträge. Roßmann, H. Z.Spiritusind. 41. 375. (1918) - Ref. C. 1918. II. 864.

Verfahren zur Bewertung von Stärke. Benjamin, Dana H. übertr.an: The American Laundry Machinery. Co. A.P.1 418 274 vom 10/9. 1917, ausg. 6/6. 1922. - Ref. C. 1922. IV. 504.

Untersuchung der Handelsstärke. Czadek, v., Fallada, O., Hoppe, E. und Schubert, F. Z.landwirtsch.Vers.-Wes. Österr. 15. 1217-1220. (1912) - Ref. C. 1913. I. 658.

Die vom Oktober 1907 bis jetzt untersuchten Kartoffelstärken, Kartoffelmehle und feuchten Stärken. Hanow, H. Z.Spiritusind. 31. 403 (1908) - W.Ref. 1959.

Kartoffelstärke und Kartoffelmehl. Saare, O. Leipziger Färber-Ztg. 48. 323, 335-337 (1899) - W.Ref. 1952.

Von der Kontrolle bei der Herstellung von Stärkemehl. Hebert, Bull. Assoc.Chimistes Sucr.,Distill.Ind.agric.France Colonies 14. 1003-1011 (1896-97) - Ref. W.Ref. 2271.

Zur Qualitätsbeurteilung der Stärke. Saare, O. Z.Spiritusind. 17. Erg.-H. 8 (1894).

192. Stärkebestimmung von Kartoffeln und Ausbeuteberechnung (Stärkewert von Kartoffeln, spezifisches Gewicht der Kartoffeln, Stärkegehaltsprüfer, Stärkewaagen. Vgl. auch "Analytische Stärkebestimmung in Kartoffen": 521)

Berechnung des spezifischen Gewichts von Kartoffelknollen. Hope, G. W. Amer.Potato J. 41. 221-22 (1964) - Ref. C. 1966. 7-3276.

Versuch zur Abschätzung des Stärkewertes der Kartoffelknollen auf Grund der Analyse des Kartoffelsaftes. Nowotny, F., Pałasiński, M. und Sochocka, J. Hodowla Roślin, Aklimatyzacja Nasiennictwo 1963. 377.

Bemerkungen über die Maercker'schen Konstante. Nowotny, F., Pałasiński, M. und Sochocka, J. Biul. Inst.Hodowli Aklimatyzacji Róslin 1960. 73.

Eine Schnellmethode zur Bestimmung von Zucker in Kartoffeln zum Zweck der Korrektur der Ausbeuteberechnung für die Kartoffelstärkefabrikation. Maurer, W. und Blasko, E. Nahrung 3. 55-75 (1959).

Vereinfachte Ausbeuteberechnung für die Kartoffelstärkefabrikation. Maurer, W. und Pohlmann, R. Stärke 11. 89-94 (1959).

Vereinfachte Ausbeuteberechnung für die Kartoffelstärkefabrikation. Maurer, W. und Pohlmann, R. Nahrung 2. 506-17 (1958).

Kritische Bemerkung zur Methode der Bestimmung des Stärkewertes von Kartoffeln durch ihr spezifisches Gewicht. Tychowski, A. und Kamieniobrodzki, W. Zeszyty Nauk.Wyższej Szkoły Rolniczej, Wrocław, Rolnictwo Nr. 6. 3-20 (1958) - Ref. C.A. 55. 2949d (1961).

Stärkegehaltsbestimmungen im Bereich der Länder und Bezirke. Kartoffelbau 9. Nr.3, Stärkekartoffel 3. Nr.2. 2-4 (1958).

Über das zur Schnellbestimmung von Stärke angewendete Zentrifugenglas. 4.Mitt. Schnellbestimmung der Genauigkeit der Skala. Ono, Y. J.technol.Soc.Starch (Japan) 5. 105-09 (1958).

Über das zur Schnellbestimmung von Stärke angewandte Zentrifugenglas. 3.Mitt. Eine Betrachtung über den Kalibrierungsfaktor. Ono, Y. J.technol.Soc.Starch (Japan) 5. 54-58 (1957).

Über das zur Schnellbestimmung von Stärke angewandte Zentrifugenglas. 2.Mitt. Zuverlässigkeit der Bestimmung. Ono, Y. J.technol. Soc.Starch (Japan) 4. 162-65 (1957).

Über das zur Schnellbestimmung von Stärke angewandte Zentrifugenglas. 1.Mitt. Genauigkeit der Graduation. Ono, Y. J.technol. Soc.Starch (Japan) 4. 158-62 (1957).

Einige Komponenten der Veränderung des spezifischen Gewichtes von Kartoffeln. Plaisted, R.L. Proc.Amer.Soc.horticult.Sci. 70. 391-96 (1957) - Ref. C. 1961. 17782.

Prüfung der Tabelle nach Maerker zur Stärkebestimmung an in der Volksrepublik Rumänien angebauten Kartoffelsorten. Sluşanschi,H. An.Inst.Cercetări agronom. (Ann.Inst.Rech.agronom.) 25. Nr.6. 693-701 (1957) - Ref. C.A. 53. 10398f (1959) , C. 1961. 5995.

Beitrag zur Bestimmung des Trockensubstanz- und Stärkegehaltes von Kartoffeln. Unter besonderer Berücksichtigung der Beziehung zwischen spezifischem Gewicht und Stärkegehalt. Metzger, A. Mitt. Gebiete Lebensmittelunters. Hyg.(Bern) 47. 344-50 (1956) - Ref. C.A. 51. 8320i (1957), C. 1958. 4652.

Beitrag zur Bestimmung des Trockensubstanz- und Stärkegehaltes von Kartoffeln unter besonderer Berücksichtigung der Beziehung zwischen spezifischem Gewicht und Gehalt. Gisiger, L. und Metzger, A. Z.Pflanzenernähr.,Düng.,Bodenkunde 75. (120) 204-16 (1956) - Ref. C. 1957. 8385. C.A. 51. 7610d (1957).

Beziehung zwischen Stärkegehalt und -ausbeute bei verschiedenen Sorten von Industriekartoffeln. Zadina, J. und Sixta, J. Sbornik ceskoslov.Akad.zemědělských Ved, Rostlinna výroba 29. 173-80 (1956).

Metelski's Waage: Eine neue Methode für die Bestimmung des Stärkegehalts von Kartoffeln. Grudkowski, S. Postepy Nauk Rolniczych 2. Nr.3. 135-39 (1955) - Ref. C.A. 51. 4593g (1957).

Nachprüfung der Maerckerschen Tabelle an der Stärkebestimmung von in Rumänien angebauten Kartoffelsorten. Sluşanschi, H. Comun. Acad.Republ.Populare romine 5. 997-1001 (1955) - Ref. C. 1961. 5995.

Faktoren, die im Zusammenhang mit dem Kartoffelgefüge stehen. I. Spezifisches Gewicht und Stärkegehalt. Bettelheim, F.A. und Sterling, C. Food Res. 20. 71-80 (1955) - Ref. C.A. 49. 5717c (1955), Stärke 7. 99 (1955), C. 1957. 3972.

Bemerkungen zur Maerckerschen Tabelle der Stärkegehalt-Bestimmung von Kartoffeln. Vilikovsky, V. Kvasný prumysl (Gärungsindustrie) 1. Nr.8. 172-73 (1955).

Die Zuverlässigkeit der Stärkegehaltsbestimmungen mit der Reisewaage und die Fehlermöglichkeiten bei der betriebsmäßigen Bestimmung des Stärkegehaltes von Kartoffeln. Wegner, H. Branntweinwirtschaft 77. 337-41 (1955) - Ref. C. 1957. 2346 C.A. 50. 5315i (1956).

Stärkegehaltsbestimmungen mit der Reisewaage. Wegner, H. Kartoffelbau 6. 218-19 (1955).

Der Stärkegehalt in den Kartoffelknollen. Ssemenow, Ss.D. Selekt. u. Samenzucht (russ.) 19. Nr.7. 28-36 (1952) - Ref. C. 1952. 7428.

Stärkebestimmung in Kartoffeln. Heimerdinger, W. und Sengbusch, R.v. Z.Pflanzenzücht. 29. 241-43. (1951).

Bilanz der Trockensubstanz der Kartoffel bei der Stärkefabrikation. Wolff, O. Ernähr.u. Verpfleg. 1. 18-19 (1949) - Ref. C. 1950. I. 2425.

Rohstoffbeschaffenheit und Ausbeute in Kartoffelfabriken während der Kampagne 1949. Wolff, O. und Wegner, H. Stärke 2. 173-76. (1950).

Steigerung der Ausbeute bei der Erzeugung von Stärke aus Kartoffeln. Fukas, G. Chem.Zvesti, 1. 173-77, (1947) - Ref. Stärke 2. 283. (1950).

Untersuchungen des Stärkegehaltes von Industriekartoffelsorten. Willigen, A.H.A.de und Reestman, A.J. Versl. landbouwkund.Onderz. 50 B. 619-53 (1946).

Über die Beziehungen zwischen dem spezifischen Gewicht und dem Stärkegehalt der Knollen bei Kartoffelsorten und -zuchtstämmen verschiedener Genealogie. Müller, K.O., Pfeil, E. und Piekenbrock, F. Angew.Bot. 25. 178-95. (1943) - Ref. C. 1943. II. 874.

Über den Zusammenhang zwischen Unterwassergewicht, Trockensubstanz u. Stärkegehalt bei Fabrikkartoffeln. Willigen, de A.H. Versl. landbouwkund. Onderz.A.Rijkslandbouwproestat.bodenkund.Inst. Groningen Nr. 49. (4) A. 125-64 (1943) - Ref. C. 1944. I. 67.

Neue Stärkewaagen zur Schnellbestimmung des Stärkegehalts von Kartoffeln für züchterische Zwecke. Sengbusch, R.v. Forschungsdienst 13. 19-24 (1942) - Ref. C. 1942. II. 1636.

Über den Einfluß der Härte des Wassers und anderer Faktoren auf die Ergebnisse der Stärkebestimmung in Kartoffeln. Antonow, A. und Ponuri, A. Branntwein-Ind.(russ.) 17. Nr.1/2. 25-26 (1940) - Ref. C. 1940. II. 2553.

Bestimmung des Stärkegehaltes der Kartoffeln bei der Gegenwart von kleinen, unter der Norm liegenden Knollen. Antonow, A. Branntwein-Ind. (russ.) 17. Nr.6. 20-21 (1940) - Ref. C. 1941. I. 977.

Stärkegehalt von Kartoffeln. Stevenson, F.J. Amer.Potato J. 15. 356-57 (1938) - Ref. C. 1939. I. 4405.

Die Bestimmung des Stärkegehalts und der Trockensubstanz der Kartoffel mit Hilfe des spezifischen Gewichts. Scheele, C.v., Svensson, G. und Rasmusson, I. Verlag Parey, Berlin 1936. 32 S.

Über Ausbeute und Ausbeutetabellen. Hošpes, B. Z.Spiritusind. 58. 237-38. (1935) - Ref. C. 1936. I. 210.

Untersuchungen über den Zusammenhang zwischen Trockensubstanz- und Stärkegehalt, sowie zwischen spezif.Gewicht, Trockensubstanz- und Stärkegehalt in Kartoffeln von der Ernte 1930. Scheele, C.v. und Svensson, G. Z.Spiritusind. 55. 47-49. (1932) - Ref. C. 1932. I. 2397.

Untersuchungen der Kartoffeln. I. Die Fehler der physikalischen Stärkebestimmungsmethoden der Kartoffeln. Chrzaszcz, T. Roczniki Nauk rolniczych Leśnych 25. 45-58 (1931) - Ref. C. 1931. II. 151.

Neue Gesichtspunkte bei der Stärkebestimmung mittels Reimannwaage. Lampe, B. Z.Spiritusind. 54. 36 (1931) - Ref. C. 1931. I. 2277.

Ausbeutefragen bei der Stärkefabrikation. Wolff, O. Z.Spiritusind. 53. 70-71 (1930).

Nochmals: Eichfähige Waagen zur Stärkebestimmung in den Rohkartoffeln nach Reimann und Parow. Z. Spiritusind. 53. 218 (1930).

Eichfähige Waagen zur Stärkebestimmung in den Rohkartoffeln nach Reimann, und Parow. Z.Spiritusind. 53. 201 (1930).

Apparat zur Bestimmung des Stärkegehaltes von Kartoffeln. Arland, A. D.R.P. 510 374 Kl.421 vom 20/8. 1926, ausg. 20/10. 1930. - Ref. C. 1931. I. 1982.

Vergleichsversuche mit dem Kartoffelstärkegehaltsprüfer nach Arland und der Kartoffelwaage. Arland Z.Spiritusind. 52. 282-83 (1929).

Die Verlustquellen in der Stärkefabrikation. Sprockhoff, M. Z.Spiritusind. 52. 306 (1929).

Was hat man heute unter guter, mittlerer und schlechter Ausbeute in der Kartoffelstärkefabrikation zu verstehen? Sprockhoff, M. Z. Spiritusind. 52. 179 (1929).

Vergleichsversuche mit dem Kartoffelstärkegehaltsprüfer nach Arland und der Kartoffelwaage. Arland, A. Z.Spiritusind. 52. 206-07 (1929).

Neue Ausbeute-Tabellen für Kartoffelstärke. Sprockhoff, M. Z.Spiritusind. 52. 191 (1929).

Bestimmung der Trockensubstanz und des Stärkegehaltes in Kartoffeln durch Bestimmung des spezifischen Gewichts. Reynaert, S. Natuurwetensch. Tijdschr. 10. 117-24. (1928) - Ref. C. 1928. II. 949.

Vergleichsversuche mit dem Kartoffelstärkegehaltsprüfer nach Arland und der Kartoffelwaage. Ekhard, W. Z.Spiritusind. 51. 317-18 (1928).

Stärkeprozente und Schmutzgehalt von Kartoffeln. Ekhard, W. Z.Spiritusind. 50. 315 (1927) - Ref. C. 1928. I. 425.

Ein neuer Apparat zur Bestimmung des Stärkegehaltes der Kartoffeln. Arland. Z.Spiritusind. 49. 244-45. (1926) - Ref. C. 1926. II. 2363.

Über die Ausbeuten bei der Verarbeitung von durch Frost beschädigten Kartoffeln und die daraus hervorgehende Preisbemessung für Kartoffelfabrikate. Parow, E. Z.Spiritusind. 41. 477 (1918) - W.Ref. 2128.

Neue Apparate zur Untersuchung von Kartoffeln, Getreide und deren Fabrikaten. Brauer-Tuchorze, J.E. Chem.Apparatur 3. 199-201 (1916) - Ref. W.Ref. 1750.

"Amylometer," ein Mittel zur Bestimmung des Stärkegehalts der Kartoffeln. Vilikovský, V. und Stempel, B. Chem.Listy Vědu Průmysl 7. 137-139 (1913) - Ref. C.A. 7. 3428 (1913), W.Ref. 1749.

Ein Ersatz der Stärketabelle. Rüdiger. Z.Spiritusind. 36. 510 (1913) - Ref. C. 1913. II. 2169, W.Ref. 1748.

Die Laufgewichts-Kartoffelwaage nach Parow. Z.Spiritusind. 34. 511 u. 517 (1911).

Versuche über Stärkeausbeute bei Kartoffeln der Ernte des Jahres 1909. Parow, E. und Matzdorf, O. Z.Spiritusind. 33. 79 (1910) - Ref. C. 1910. I. 1067.

Ausbeutetabelle für Kartoffeltrocknung und Stärkefabrikation. Parow, E. Z.Spiritusind. 32. 601-602 (1909) - W.Ref. 2307.

Ausbeutetabelle für Kartoffeltrocknung und Stärkefabrikation. Parow, E. Z.Spiritusind. 32. 450 (1909) - Ref. C. 1909. II. 1503, W. Ref. 2306.

Apparat zum direkten Ablesen des Stärke- und Trockengehaltes in Kartoffeln. Heide, v.d. Chemiker-Ztg. 31. 398 (1907) - Ref. C. 1907. I. 1455, W.Ref. 1747.

Die Bestimmung des Stärkegehaltes der Kartoffeln nach dem spezifischen Gewicht. Foth, G. Z.Spiritusind. 30. 217-218 (1907) - Ref. C. 1907. II. 99, W.Ref. 1746.

Die Bestimmung von Stärke in Kartoffeln. A. Genaue Bestimmung. B. Schnellbestimmung von industriell gewinnbarer Stärke. Pellet, L. und Métillon. Bull.Assoc.Chimistes Sucr.,Distill. France Colonies 24. 1720-1730 (1906-07) - Ref. C.A. 2. 1844 (1908), C. 1908. I. 893, W.Ref. 1530.

Über die richtige Benutzung der Reimannschen Waage zur Ermittlung des Stärkegehaltes der Kartoffeln. Foth, G. Z.Spiritusind. 29. 392 (1906).

Die fabrikmäßige Bestimmung der Stärkeausbeute in einer Kartoffelstärkefabrik. Parow, E. Z.Spiritusind. 29. 51-52 (1906) - Ref. C. 1906. I. 979, W.Ref. 2298.

Laufgewichts-Kartoffelwaage nach Parow. D.R.G.M. Z.Spiritusind. 28. 358-59 (1905).

Die Feststellung der fabrikmäßig erreichbaren Stärkeausbeute aus einer sehr stärkereichen Kartoffel. Parow, E. Z.Spiritusind. 28. 47 (1905) - Ref. C. 1905. I. 699.

Die Bewertung der Kartoffeln in der Stärkefabrik. Parow, E. Z.Spiritusind. 27. 489 (1904).

Versuche über die Stärkeausbeute bei verschiedenen Kartoffelsorten. Parow, E. Z.Spiritusind. 23. 151-52 (1900).

Einen Apparat zur annähernden Bestimmung des Stärkemehlgehaltes der Kartoffeln. (Auszug). Girard, A. und Fleurent. Biedermann's Zbl. Agrikulturchem.ration.Landwirtschaftsbetrieb 21. 858-859 (1892). - W.Ref. 1741.

Die Ausbeuteverhältnisse der Kartoffelstärkefabrikation. Saare, O. Z.Spiritusind. 13. 287-288, 295 (1890) - W.Ref.2245.

Zur Kontrolle der Ausbeute in der Kartoffelstärkefabrikation. Saare, O. Z.Spiritusind. 11. 301-302 (1888) - W.Ref. 2234.

Welches sind die Gründe, weshalb von der in den Rohmaterialien enthaltenen Stärke durch den technischen Betrieb nicht mehr Stärke als bisher gewonnen wird, und welches sind die Entstehungsursachen der grauen Stärke. (Auszug). Schaub, C. Biedermann's Zbl. Agrikulturchem.ration.Landwirtschaftsbetrieb. 13. 285 (1884) - W.Ref. 2220.

Zur Controlle der Ausbeute bei der Stärke-Fabrikation. Saare, O. Z. Spiritusind. 7. 18-19, 762-763 (1884) - W. Ref. 2218.

Über einen neuen Apparat zur directen Untersuchung der Kartoffeln auf ihren Stärkegehalt. Günther, L. Z.Spiritusind. 7. 93-95 (1884) - W.Ref. 1737.

Verluste in der Kartoffelstärkefabrication. Saare, O. Z.Spiritusind. 6. 174-178 (1883) - W.Ref. 2211.

Die Vertheilung großer und kleiner Stärkekörner in verschiedenen Kartoffelsorten und ihr Einfluß auf die Ausbeute in den Stärkefabriken. Saare, O. Z.Spiritusind. 6. 482-486 (1883) - W.Ref. 2212.

Über die Bestimmung des specifischen Gewichts der Kartoffeln, behufs Ermittlung ihres Gehaltes an Trockensubstanz und Stärkemehl. Fresenius, H. Z.analyt.Chem. 20. 243-248 (1881) - W.Ref. 1735.

Über den Zusammenhang des specifischen Gewichts mit dem Stärkemehl- und Trockensubstanzgehalt der Kartoffeln. Behrend, P., Märker,M. und Morgen, A. Landwirtsch.Versuchsstat. 25. 107-165 (1880) - W.Ref. 1734.

Über die Methode der Stärkemehlbestimmung in den Kartoffeln nach dem specifischen Gewicht. Behrend, P., Märcker, M. und Morgen,A. Z.Spiritusind. 2. 361-369 (1879) - W.Ref. 1733.

Über den Stärkegehalt der Kartoffeln. (Auszug). Marke, A. Dingler's polytechn.J. 225. 517 (1877) - Ref. C. 1877. 678, W-Ref. 1732.

Über die Werthbestimmung der Kartoffeln. Holdefleiss, Landwirtsch. Jb.Suppl. 1877. 107-157. - W.Ref. 1731.

Über die Beziehungen zwischen der relativen Dichte und dem Stärkegehalt der Kartoffeln und eine neue, zur Berechnung des Stärkegehaltes der Kartoffeln aus ihrem specifischen Gewicht aufgestellte Tabelle. Heidepriem, F. Landwirtsch.Versuchsstat. 20. 1-19 (1877) - W.Ref. 1730.

Schnellwaage zur Bestimmung des Stärkegehaltes der Kartoffeln. Schwarzer, A. Dingler's polytechn.J. 203. 67-72 (1872) - W.Ref. 1727.

Über die Kartoffelprobe mittelst Kochsalzlösung. Schultze, W. Dingler's polytechn.J. 202. 86-88 (1871) - W.Ref. 1726.

Über Prüfung der Kartoffeln. Nessler, J. Dingler's polytechn.J. 200. 342-344 (1871) - W.Ref. 1444.

193. Pülpeuntersuchung

(Arbeit der Reiben, Reibseluntersuchung, Kontrolle der Auswaschstation und der Auswaschapparate. Vgl. auch "Kartoffelzerkleinerung und Auswaschen der Stärke": 13, "Pülpe": 183)

Untersuchungen zur Aufbereitung von Kartoffelpülpe. Schulz, P. Lebensmittel-Ind. 12. 186-88 (1965) - Ref.J.Chem.(russ.) 1965. 21 R324, Stärke 18. 231 (1966).

Die Untersuchung von Kartoffelreibsel und Kartoffelpülpe. Bergmann, A. Stärke 16. 68-71 (1964) - Ref.J.Chem.(russ.) 1964. 23 R301.

Über die Berechnung der Stärkeverluste in der Pülpe in Kartoffelstärkefabriken. Burman, M.Je. Zucker-Ind.(russ.) 35. Nr.3 67-70 (1961) - Ref.J.Chem.(russ.) 1961. 19 N194, Stärke 13. 355 (1961).

Zur Bestimmung der auswaschbaren Stärke in der Kartoffelpülpe. Bergmann, A. Stärke 12. 153-54 (1960) - Ref.J.Chem.(russ.) 1961. 4 N290.

Eine neue Methode zur Bestimmung der Feinheit von Kartoffelreibsel. Duintjer, H.E. Stärke 7. 116-19 (1955).

Gerät zum Ermitteln des Stärkegehaltes von Kartoffelpülpe. Dietzold, J.A., Leipzig D.R.P. 699 418 Kl.89k vom 15/12. 1937, ausg. 28/11. 1940.

Ist der Gehalt an gebundener Stärke ein zuverlässiges Beurteilungsmittel der Qualität der Reibenarbeit? Hospes, B. Brennerei-Ztg. 54. 133; Z.Spiritusind. 60. 249. (1937) - Ref. C. 1937. II. 3247

Arbeitswertung der Stärkefabriks-Reiben durch Siebe. Barobin, S. Z.Spiritusind. 59. 367 (1936).

Zur Kontrolle der Auswaschstation bei der Kartoffelstärkeerzeugung. III.Mitt. Jirak, L.W. Z.Spiritusind. 58. 165-66 (1935) - Ref. C. 1935. II. 1794.

Zur Kontrolle der Auswaschstation bei der Kartoffelstärkefabrikation. II.Mitt. Jirak, L.W. Z.Spiritusind. 58. 93-94 (1935).

Zur Kontrolle der Auswaschstation bei der Kartoffelstärkeerzeugung. I.Mitt. Jirak, L.W. Z.Spiritusind. 58. 81-82 (1935) - Ref. C. 1935. II. 139.

Stärkebestimmung in Pülpe. Tryller, H. Z.Spiritusind. 58. 367 (1935) - Ref. C. 1936. I. 2230.

Eine neue Methode zur Bestimmung der gebundenen Stärke in der Pülpe. Wolff, O. Z.Spiritusind. 57. 216. (1934) - Ref. C. 1934. II. 3061.

Was bei der Bestimmung der gebundenen Stärke in der Kartoffelpülpe mit Hilfe der Interferometermethode zu beachten ist. Parlow Z.Spiritusind. 57. 190-91 (1934) - Ref. C. 1934. II. 2761.

Gibt die Bestimmung der auswaschbaren Stärke in der gepreßten Kartoffelpülpe einen Rückschluß auf die Art der Auswaschung und auf die Güte der Auswaschapparate? Parlow. Z.Spiritusind. 56. 285-86. (1933) - Ref. C. 1934. I. 2051.

Beiträge zur Betriebskontrolle in Stärkefabriken. III. Die Bestimmung der gebundenen Stärke in Pülpe. Wolff, O. Z.Spiritusind. 52. 231-32 (1929) - Ref. C. 1930. I. 1393.

Beiträge zur Betriebskontrolle in den Stärkefabriken. II. Die Bestimmung der auswaschbaren Stärke in der Pülpe. Wolff, O. Z. Spiritusind. 52. 222-23. (1929) - Ref. C. 1929. II. 1601.

Über die Reibselzerkleinerung und eine "unerprobte Analysenmethode". Wolff, O. Z.Spiritusind. 51. 251 (1928) - Ref. C. 1929. I. 1520.

Über die Methoden zur Bestimmung der gebundenen Stärke in Kartoffelpülpe. Schéele, C.v. und Svensson, G. Z.Spiritusind. 51. 290-91. (1928) - Ref. C. 1928. II. 2604.

Ergebnisse von Pülpeuntersuchungen dieser Kampagne. Ekhard, W. Z. Spiritusind. 50. 364. (1927) - Ref. C. 1928. I. 1591.

Notwendigkeit einer Betriebskontrolle in Kartoffelstärkefabriken durch wiederholte Pülpeuntersuchungen. Stirnus. Z.Spiritusind. 48. 49 (1925) - Ref. C. 1925. II. 862, W.Ref. 2371.

Die Bestimmung der Stärke in Pflanzenteilen, insbesondere in Pülpe. Wolff, O. Biedermann's Zbl. Agrikulturchem.ration.Landwirtschaftsbetrieb 54. 153-57 (1925).

Die Bestimmung der Stärke in Pflanzenteilen insbesondere in Pülpe. Wolff, O. Z.Spiritusind. 47. 178 (1924) - Ref. W.Ref. 1789.

Über die Stärkeverluste in der Pülpe. Parow, E. Z.Spiritusind. 44. 59 (1921) - Ref. C. 1921. II. 965.

Nachteile fehlerhafter Arbeit. Parow, E. Z.Spiritusind. 43. 171 (1920) - Ref. C. 1920. IV. 142.

Stärkeverluste in der Pülpe. Parow, E. Z.Spiritusind. 41. 391 (1918) - Ref. C. 1918. II. 997.

Wieviel Prozent von der Kartoffeltrockensubstanz gehen bei Anwendung der heute gebräuchlichen Zerkleinerungsapparate in die Pülpe über? Parow, E. Z.Spiritusind. 27. 57-58 (1904).

Zur schnellen Beurteilung der Leistung der Stärkefabrik aus der Pülpeuntersuchung. Z.Spiritusind. 15. 409 (1892).

Welchen Einfluß hat die Kartoffelsorte auf die Feinheit und den Stärkegehalt der Pülpe. Saare, O. Z.Spiritusind. 13. 68 (1890). - W.Ref. 2242.

Zur Beurtheilung von Pülpeanalysen. Saare, O. Z.Spiritusind. 12. 351 (1889) - W.Ref. 2239.

194. Untersuchung der Schlammstärke

Das Problem des Stärkeschlammes. Sprockhoff, M. Z.Spiritusind. 53. 78-79. 20/3.(1930) - Ref. C. 1930. I. 2978.

Beiträge zur Betriebskontrolle in Stärkefabriken. IV. Die Bestimmung der Stärke in Kartoffelmehl- und abfallenden Stärken. Wolff, O. Z.Spiritusind. 52. 238 (1929).

Bestimmung der technisch gewinnbaren Stärke im Schlamm mittels der Laboratoriumsflute. Sprockhoff, M. Z.Spiritusind. 47. 660-661 (1924) - Ref. C. 1924. II. 896.

Beitrag zur Nachprüfung der praktischen Methoden zur Bestimmung der technisch gewinnbaren Stärke in Schlammstärke. Parow, E. Z.Spiritusind. 45. 149 (1922) - Ref. C. 1922. IV. 382.

Untersuchungsmethode für die Bestimmung der technisch gewinnbaren Stärke in Schlammstärke. Parow, E. Z.Spiritusind. 45. 50-52 (1922) - Ref. C. 1922. II. 1224.

Die Untersuchung von Schlammstärken. Reinke, O. Z.Spiritusind. 14. 332 (1891) - W.Ref. 2250.

195. Stärkemilchtabellen

Über die Dichte von Stärke und wässerigen Stärkesuspensionen. Smirnow, W.A. Zucker-Ind.(russ.) 40. Nr.4. 74-75 (1966).

Über die Bestimmung des Gehaltes an Trockensubstanz in Stärkesuspensionen. Ssinelnikow, I.D. Zucker-Ind.(russ.) 39. 860-63 (1965).

Berechnung des Stärkegehaltes aus dem spezifischen Gewicht der Stärkemilch. Ono, Y. J.technol.Soc.Starch (Japan) 1. Nr.2. 27-35 (1953).

Baumé-Trockensubstanztabellen für Stärkesuspensionen. Cleland, J.E., Fauser, E.E. und Fetzer, W.R. Ind.Engng.Chem.analyt. Edit. 15. 334-36 (1943) - Ref. C. 1946. II. 4121.

Die Bestimmung der Grädigkeit von Stärkemilch. Wolff, O. Z.Spiritusind. 58. 401. (1935) - Ref. C. 1936. I. 2847.

Tabelle über den Stärkegehalt von Stärkemilch. Sprockhoff, M. Chemiker-Ztg. 54. 299. (1930) - Ref. C. 1930. II. 483.

Neue Stärketabellen. Sprockhoff, M. Z.Spiritusind. 52. 238 (1929).

Stärkemilchtabellen. Sprockhoff, M. Z.Spiritusind. 45. 295; 303 (1922) - Ref. C. 1923. II. 264.

196. Ausgiebigkeit, Ergiebigkeit
(Vgl. auch "Viskosität": 871)

Die Herkunft der Kartoffel im Zusammenhang mit der Ergiebigkeit der Stärke und deren Phosphorsäuregehalt. Bielicki, W. und Nowotny, F. Zeszyty naukowe Wyzszej Szkoly Rolniczy 1955. 53.

Viskositätsanforderungen und Viskositätsmessungen bei Kartoffelstärke. Wegner, H. und Winkler, S. Stärke 6. 187-94 (1954) - Ref. C.A. 49. 2103h (1955).

Die Rheologie der Kartoffelstärke. 1.Mitt. Die Bestimmung der Ergiebigkeit der Stärke. Kopřiva, B. Listy cukrovarnické 79. Nr.6. 141-45 (1963) - Ref.J.Chem.(russ.) 1964. 4 R351, Stärke 15. 459 (1963), C.A. 59. 13002e (1963), C. 1965. 46 - 2988.

Die Bestimmung der Ergiebigkeit von Getreide- und Kartoffelstärken mit dem Brabender-Viscographen. Lindemann, E. Brot u. Gebäck 6. 199-201 (1952) u. 7. 7-8 (1953) - Ref. C. 1954. 3823.

Ein Überblick über die Viscosität von handelsüblichen Kartoffel- und Getreidestärken der letzten zwei Jahre und ein neuer Vorschlag zur Bestimmung der Ergiebigkeit. Lindemann, E. Stärke 4. 150-55 (1952) - Ref. C. 1953. 4616-

Phosphorgehalt und Ergiebigkeit von Kartoffelstärken (2.Mitt.) Barthel, R. Stärke 3. 296-301 (1951) - Ref. C.A. 46. 4829d (1952).

Beiträge zur Kenntnis der Kartoffelstärke. 5.Mitt. Die Abhängigkeit der Ergiebigkeit der Kartoffelstärke vom Phosphorgehalt. Barthel, R. Stärke 2. 156-59. (1950) - Ref. C. 1951. II. 461.

Einfluß der Trocknung auf Viskosität und Ergiebigkeit der Stärke. Rüggeberg, H. Stärke 2. 69-73 (1950) - Ref. C. 1951. I. 1239.

Beiträge zur Kenntnis der Kartoffelstärke. IV. Der Einfluß der Trocknung und der Elektrolyte auf die Ergiebigkeit. Wolff, O. Stärke 2. 115-17 (1950) - Ref. C. 1951. II. 150.

Beiträge zur Kenntnis der Kartoffelstärke. 3.Mitt. Die Abhängigkeit der Ergiebigkeit von der Natur der Kationen. Wolff, O. Stärke 2. 31-33 (1950) - Ref. C. 1950. II. 714.

Beiträge zur Kenntnis der Kartoffelstärke. 2.Mitt. Die Ergiebigkeit der Stärke. Wolff, O. Stärke 2. 8-10. (1950) - Ref. C. 1950. II. 714.

Beiträge zur Kenntnis der Kartoffelstärke. 1.Mitt. Die Messung der Ergiebigkeit der Stärke. Wolff, O. Stärke 1. 139-40 (1949) - Ref. C. 1950. I. 2425.

Beiträge zum Problem der Ergiebigkeit von Stärke. Samec, M. Z.Spiritusind. 59. 215-16. 223-24 (1936) - Ref. C. 1936. II. 2031.

Zur Frage der Ergiebigkeit von Kartoffelstärke. Sprockhoff, M. und Wolff, O. Z.Spiritusind. 54. 249-50 (1931) - Ref. C. 1931. II. 2796.

Über Fehlerquellen in der Bestimmung der Ergiebigkeit (Klebekraft) einer Stärke und Richtlinien zu ihrer Vermeidung. Parlow, A. Z.Spiritusind. 54. 236-37. (1931) - Ref. C. 1931. II. 2796

Bemerkungen zur Ergiebigkeit von Kartoffelstärken. Parlow, A. und Düll, G. Z.Spiritusind. 54. 168 (1931).

Über die Ergiebigkeit von Kartoffelmehlen unter besonderer Berücksichtigung der großen und kleinen Stärkekörner. Sprockhoff, M. und Wolff, O. Z.Spiritusind. 54. 101-02. (1931) - Ref. C. 1931. I. 3524.

Die Widerstandsfähigkeit verkleisterter Stärkelösungen gegenüber höherer Temperatureinwirkung als wichtiger Faktor bei der Wertbestimmung der Ergiebigkeit einer Stärke. Parlow, A. und Düll, G. Z.Spiritusind. 53. 356-57. (1930) - Ref. C. 1931. I. 1188.

Die Bestimmung der Ergiebigkeit (Klebekraft) von Stärken. Schulz, A. und Parlow, A. Z.Spiritusind. 53. 186-87 (1930).

Über den Einfluß des trockenen Sommers 1929 auf die Ergiebigkeit (Klebekraft) der Kartoffelmehle. Schulz, A. und Parlow, A. Z. Spiritusind. 53. 85. (1930) - Ref. C. 1930. I. 3256

Die Ergiebigkeit großer und kleiner Kartoffelstärkekörner. Sprockhoff, M. und Parlow, A. Z.Spiritusind. 53. 62-63 (1930) - Ref. C. 1930. I. 3494.

Über die Messung der Ergiebigkeit von Stärken, insbesondere von Kartoffelstärke. Parlow, A. Z.Spiritusind. 53. 14-15. (1930) - Ref. C. 1930. I. 2325.

Die Bestimmung der Ausgiebigkeit bei Stärken. Sprockhoff, M. Chemiker-Ztg. 54. 411-12. (1930) - Ref. C. 1930. II. 830.

Die Ausgiebigkeit der Stärke. Zakarias, L. Z.physik.-chem.Materialforsch. 3. 2-8. (1930) - Ref. C. 1930. II. 1457.

Ergiebigkeit der Kartoffelstärke. Bielicke, W. Przemysł Chemiczny 14. 145-49 (1930) - Ref. C. 1930. II. 154.

Einfluß von Kälte auf die Ergiebigkeit von Kartoffelstärke. Schulz, A. und Parlow, A. Z.Spiritusind. 53. 135-36 (1930) - Ref. C. 1930. II. 483.

Die Bestimmung der Ergiebigkeit (Klebekraft) von Stärken. Parlow, A. und Schulz. Z.Spiritusind. 53. 186-87 (1930) - Ref. C. 1930. II. 1150.

Über die Messung der Ergiebigkeit von Stärken insbesondere von Kartoffelstärken. II. Beschreibung der Bestimmung in einem neu konstruierten Apparat. Parlow, A. Z.Spiritusind. 53. 56. (1930) - Ref. C. 1930. I. 2810.

Die Abhängigkeit der Saare-Probe von der Ansatztemperatur und der Konzentration des Kartoffelstärkekleisters. Sprockhoff, M. Z.Spiritusind. 52. 358-59 (1929).

Bestimmung der Viskosität von Stärke für Fabrikzwecke. Fibre Fabric 65. Nov.10; 13 (1917) - W.Ref. 1320.

Die Ergiebigkeit der Stärke. Textile Wld.J. 51. 353, 357, 359 (1916) - W.Ref. 2516.

Über die Ergiebigkeit von Kartoffelmehlen. Wolff, O. Chemiker-Ztg. 51. 1001-03. (1927) - Ref. C. 1928. I. 983.

Eine praktische Kleisterwaage für die Vergleichung und Bestimmung der Dickkraft (Ausgiebigkeit) der Stärken. Cappenberg, H. Z.Spiritusind. 34. 581-82 (1911).

Zur Bestimmung des Handelswertes der Stärke. Bintz, A. und Marx,Th. Chem.Industrie 32. 167-169 (1909) - Ref. C. 1909. I. 1509, W.Ref. 1310.

Über die Bestimmung der Ausgiebigkeit der Stärke. Saare, O. und Martens, P. Z.Spiritusind. 26. 436-437 (1903) - W.Ref. 1306.

197. Weißgehalt und Aussehen

Neue Erfahrungen bei der Messung des Weißgehaltes der Stärken. Wegner, H. Stärke 16. 84-86 (1964) - Ref.J.Chem.(russ.) 1965. 23 R367 C. 1965. 5-2937.

Visueller Vergleich der Stärkefarbe durch den Alkali-Test. Harada, Y. J.technol.Soc.Starch (Japan) 10. 172-74 (1963).

Untersuchungen über den Weißheitsgrad von Stärken. 14.Mitt. Suzuki, S. und Arai, K. J.technol.Soc.Starch (Japan) 10. 30-33 (1962). - Ref.J.Chem.(russ.) 1963. 11 R251, Stärke 16. 403 (1964).

Studien über den Weißegrad von Stärke. 13.Mitt. Ablesekorrektur bei Bedeckung der Probe mit einer Glasplatte. Suzuki, S. und Arai, K. J.technol.Soc.Starch (Japan) 6. 70-76 (1958).

Untersuchungen über den Weißegrad von Stärke. 12.Mitt. Kolorimetrische Charakteristika verschiedener Stärkearten. Suzuki, S. und Arai, K. J.technol.Soc.Starch (Japan) 5. 61-66 (1957).

Untersuchungen über den Weißegrad von Stärke. 11.Mitt. Spektral-Reflektions-Kurven verschiedener Stärkesorten. Suzuki, S. und Arai, K. J.technol.Soc.Starch (Japan) 5. 58-61 (1957).

Untersuchungen über den Weißegrad von Stärke. 10.Mitt. Vergleich über die Methoden zur Bestimmung des Weißegrads von Stärke. Suzuki, S., Yoshikawa, S. und Arai, K. J.technol.Soc.Starch (Japan) 4. 120-24 (1957).

Die Bestimmung der Reinheit der Stärke mit dem Kent-Jones- und Martin-Farbmesser. Pomeranz, Y. Food Manufacture 32. 386-87 (1957) - Ref. C.A. 51. 18363a (1957) Stärke 9. 141 (1957), C. 1962. 1058.

Untersuchungen über den Weißegrad der Stärke. 9.Mitt. Die Beziehung zwischen dem Toluol-Test und den Bestandteilen von Süßkartoffelstärke. Suzuki, S., Yoshikawa, S. und Arai, K. J.technol.Soc. Starch (Japan) 4. 79-82 (1956).

Untersuchungen über den Weißegrad der Stärke. 8.Mitt. Modifizierung des Toluol-Tests von Süßkartoffelstärke. Suzuki, S., Yoshikawa, S. und Arai, K. J.technol.Soc.Starch (Japan) 4. 74-79 (1956).

Untersuchungen über den Weißegrad der Stärke. 7.Mitt. Beziehung zwischen der Helligkeit und dem Sensor-Differenz-Test und die Bestimmung des Farbhintergrundes der gebleichten Süßkartoffelstärke. Suzuki, S., Yoshikawa, S. und Arai, K. J.technol.Soc.Starch (Japan) 4. 70-74 (1956).

Untersuchungen über den Weißegrad der Stärke. 6.Mitt. Die Beziehung zwischen der Helligkeit und dem Sensor-Differenz-Test und die Revision der Helligkeitskonstante des Weißegrades von handelsüblicher Süßkartoffelstärke. Suzuki, S., Yoshikawa, S. und Arai, K. J.technol.Soc.Starch (Japan) 4. 65-70 (1956).

Untersuchungen über den Weißegrad der Stärke. 5.Mitt. Färbung und Weißegradindex der Stärke. Suzuki, S. und Hirohata, T. J.technol. Soc.Starch (Japan) 4. 17-23 (1956).

Bestimmungen über den Weißegrad der Stärke. 4.Mitt. Korrelation zwischen den visuellen Tests und der Reflexion. 1. Suzuki, S., Yoshikawa, S. und Hirohata, T. J.technol.Soc.Starch (Japan) 3. 111-21 (1955/56) - Ref. C.A. 51. 13431f (1957).

Bestimmungen über den Weißegrad der Stärke. 3.Mitt. Suzuki, S. und Hirohata, T. J.technol.Soc.Starch (Japan) 3. 66-69 (1955/56) - Ref. C.A. 51. 13431e (1957).

Bestimmungen über den Weißegrad der Stärke. 2. Mitt. Suzuki, S., Hirohata, T. und Nemoto, Y. J.technol.Soc.Starch (Japan) 2. 118-20 (1954/55) - Ref. C.A. 51. 13431d (1957).

Bestimmungen über den Weißegrad der Stärke. 1.Mitt. Suzuki, S. und Nemoto, Y. J.technol.Soc.Starch (Japan) 2. 61-63 (1954/55) - Ref. C.A. 51. 13431d (1957).

Aussehen, Farbe und Glanz von Handelsstärken und Derivaten. Nossberger, V. Listy Cukrovarnické 69. 227-32 (1953) - Ref. C. 1956. 5705.

Farbbestimmung von weißen Substanzen z.B. Mehl und Stärke. Kent-Jones, D.W. und Amos, A.J. (Erfinder: Kent-Jones, D.W., Martin, W. und Scott, R.A.) E.P. 746 074 vom 10/11. 1953 Zusatz zu E.P. 669 950.

Aussehen, Farbe und Glanz von Handelsstärke. Nossberger, Wl. Listy Cucrovarnické 68. 168-74 (1952).

Verfahren zur Messung des Reflexionsvermögens von Mehl und Stärke. Kent-Jones, D.W. und Martin, W. D.B.P. 924 484 Kl.42h vom 8/9. 1950, ausg. 3/3. 1955 E.Prior. vom 29/9. 1949. - Ref. Stärke 7. 98 (1955).

Die Messung des Weißgehalts mit dem Leukometer. Wegner, Hans Stärke 5. 209-16 (1953) - Ref. C. 1954. 3824.

Photoelektrischer Apparat zur Bestimmung der Farbintensität von festen und pulverförmigen Körpern. Juschanzew, W.I. Sawodskaja Laboratorija(russ.) (Betriebs-Lab.) 7. 492-93 (1938) - Ref. C. 1939. II. 1535.

Über eine Methode, die Farbe von Kartoffelstärke unabhängig vom menschlichen Auge zu bestimmen. Steinhoff, G. Z.Spiritusind. 57. 158-59. (1934) - Ref. C. 1934. II. 3191.

Bemerkungen zu dem Aufsatz: Über eine Methode, Farbe und Glanz einer Kartoffelstärke unabhängig vom menschlichen Auge auf elektrischem Wege zu bestimmen. Steinhoff, G. Z.Spiritusind. 57. 1-2. (1934) - Ref. C. 1934. I. 1572.

Über eine Methode, Farbe und Glanz einer trockenen Kartoffelstärke unabhängig vom menschlichen Auge auf elektrischem Wege zu bestimmen. Parlow, A. Z.Spiritusind. 56. 280. (1953) - Ref. C. 1934. I. 1122.

Prüfung von Kartoffelmehl auf Farbe und Aussehen. Schulz, A.P. und Steinhoff, G. Z.Spiritusind. 55. 55-56 (1932) - Ref. C. 1932. I. 2907.

Zur Analyse von Stärkeprodukten. III. Über Farbe, Aussehen und Glanz von Kartoffelmehlen. Schulz, A.P. Z.Spiritusind. 55. 35-36 (1932) - Ref. C. 1932. I. 2520.

Über einen Apparat zur Bestimmung der Unterschiede feiner Farbnuancen bei Stärke, Mehlprodukten und Farbpulvern. Z.Spiritusind. 34. 30 (1911).

Bestimmung der Stärke auf Farbe, Glanz, Säure und Stippen. Reinke, O. Chemiker-Ztg. 34. 1193 (1910) - Ref. C.A. 5. 1204 (1911), W. Ref. 1962.

Verbesserte Methode zur Bestimmung der Unterschiede feiner Farbnuancen bei Stärke, Mahlprodukten und Farbpulvern. Fornet, A. Chemiker-Ztg. 34. 1285 (1910) - Ref. C.A. 5. 1205. (1911), W. Ref. 1840.

Hauptgruppe 1: Technologie der Kartoffelstärke

Schlagwortverzeichnis

(Die Ziffern entsprechen der Klassifikationseinteilung)

FSC
www.fsc.org
MIX
Papier | Fördert gute Waldnutzung
FSC® C083411

Zeitfracht Medien GmbH
Ferdinand-Jühlke-Straße 7
99095 Erfurt, Deutschland
produktsicherheit@kolibri360.de